空间线索在 3D 音频中的应用研究

张聪　著

中国水利水电出版社
www.waterpub.com.cn
·北京·

内 容 提 要

本书是面向音频领域研究的专业书籍。通过此书,读者能够掌握空间线索在音频中应用的基础知识,并能了解空间音频技术在 3D 音频研究的一些前沿内容和实验手段。本书概念讲解清楚、系统性强,是作者多年来从事数字音频编码工作并指导研究生开展研究的经验总结,具有较强的实用性,可供高等院校相关专业的高年级本科生、研究生和工程技术人员阅读。

图书在版编目(C I P)数据

空间线索在3D音频中的应用研究 / 张聪著. -- 北京:中国水利水电出版社,2019.6(2024.8重印)
ISBN 978-7-5170-7714-5

Ⅰ.①空… Ⅱ.①张… Ⅲ.①数字音频技术—研究
Ⅳ.①TN912.2

中国版本图书馆CIP数据核字(2019)第099003号

策划编辑:杜 威　责任编辑:张玉玲　加工编辑:赵佳琦　封面设计:李 佳

书　名	空间线索在 3D 音频中的应用研究 KONGJIAN XIANSUO ZAI 3D YINPIN ZHONG DE YINGYONG YANJIU
作　者	张聪 著
出版发行	中国水利水电出版社 (北京市海淀区玉渊潭南路 1 号 D 座　100038) 网址:www.waterpub.com.cn E-mail:mchannel@263.net(万水) 　　　　sales@waterpub.com.cn 电话:(010)68367658(营销中心)、82562819(万水)
经　售	全国各地新华书店和相关出版物销售网点
排　版	北京万水电子信息有限公司
印　刷	三河市元兴印务有限公司
规　格	170mm×240mm　16 开本　12.75 印张　208 千字
版　次	2019 年 6 月第 1 版　2024 年 8 月第 2 次印刷
印　数	0001—3000 册
定　价	68.00 元

前　　言

　　多媒体技术及其应用已经给人类的工作、学习和生活带来了翻天覆地的变化，其中的一种主要媒体形式——音频（包括音乐）是人们生活和心情的调节剂与精神的家园。人民群众对美好生活的向往，永远是技术进步的源泉，利用数字技术研究音频已经成为多媒体技术研究领域继续发展的热点。

　　随着数字技术的进步，三维视觉特效、逼真的临场感震撼了观众，改变了人们的观影方式，已经能为观众提供较好的临场体验。但是，为了保持与三维视频内容同步的三维声场听觉效果，传统的立体声或环绕声技术已经不能满足需要，开展三维音频相关技术的研究就成为音频领域的重点发展方向。

　　为了获得更好的三维声效，需要大量增加声道数，而声道数的增加会使得音频的数据量成数倍、甚至是数十倍的增加。媒介存储容量和传输带宽的限制已经影响到了三维声场的重建效果。虽然可以通过技术手段，比如参数化编码方法来降低编码码率，但是参数码率的大幅增加会导致大量的感知冗余产生。如何利用空间参数的感知特性去除参数的主观冗余来降低多声道的参数码率，并通过研究人耳对空间方位的感知特性来指导声道的布置，提高重建声像的听觉体验，就成为本书研究的动力。

　　全书共四篇，每篇主要通过实验手段来研究和验证空间参数之间的感知特性关系。四篇都是由本书作者和团队成员王恒副教授共同指导研究生完成的。

　　第一篇主要研究空间线索 ILD（双耳强度差）的感知特性。通过设计自适应测试系统，测量在不同方位下全频率范围内的 ILD 线索的 JND（最小感知差），然后再根据所得的实验数据分析感知特性 JND 与频率的变化关系，并绘制双耳强度差 ILD 线索的 JND 与频率和方位间的三维曲面。本篇实验由研究生李坤完成。

　　第二篇研究了空间线索 ILD 和 ITD（双耳时间差）之间的关系。先对两个双耳线索的感知特性进行测试，再对测试结果进行分析，从而得到它们同时在声源定位效果上的影响。本篇实验由研究生王思完成。

　　第三篇研究了水平方位上特殊角所对应的空间线索 ILD 和 ITD 的感知特性。首先采用单频正弦纯音，利用人工头设备在消音环境中采集水平方位上 8 个频带的声音数据，建立测试音频样本库；然后设计基于空间心理声学的测听软件，在低频段 8 个频率带上对双耳线索 ILD 和 ITD 分别取不同的值，测试在水平方位上的感知特性，参考 JND 的测试方法，获得双耳线索在水平面上方位角的 JND；最后将所得的数据进行插值和拟合，得到双耳线索与方位角及频率的三维曲面和函数关系式。本篇实验由研究生彭肖飞完成。

第四篇研究了双耳相关性（IC）感知阈值与频率和参数值的关系。首先对 IC 的 JND 进行多参数值和全频带范围的测试，然后研究双耳相关性感知阈值与频率和参数值之间的关系，从而为边信息提供更全面、更高效的压缩。本篇实验由研究生朱涵完成。

由于作者和团队能力有限，疏漏和不妥之处在所难免，敬请读者批评指正。

张　聪
2019 年 2 月于金银湖畔

目　　录

第二篇 双耳时间差和强度差在声源定位效果上的感知测试与研究

第三篇 双耳线索空间方位感知特性测量与分析

第四篇　双耳相关性感知阈值与频率和参数值关系的测试与研究

第一篇
双耳强度差感知特性测量与分析

本篇摘要

随着计算机技术的飞速发展，多媒体技术已被广泛应用于我们的生活中，特别是在数字音频的应用方面。由于人们对音乐品质和效果的需求越来越高，已经无法用传统的单声道音频和立体声音频来实现人们对高品质音乐的迫切需求。目前，多声道音频技术已被广泛应用于移动互联网中。但是在无线通信传输中，由于移动终端的计算能力和宽带资源都有限，数据传输速率受到了极大限制，因此需要以尽可能小的比特数对音频编码，提高多声道音频编码的压缩效率。

空间音频编码技术是在空间听觉理论的基础上对空间声源进行处理得到单声道信号和空间参数，其中单声道信号表示声源信号的基本信息，它是将传统音频编码中的多声道信号通过下混技术合成而得到，同时在多声道信号中提取表示声源信号方位和声像大小的双耳线索，即空间参数，然后再单独编码形成边信息，最后将空间声源信号在解码端进行解码还原成多声道信号。双耳线索是空间音频编码中人耳听觉系统感知声源方向的重要参数，也是空间音频编码的核心，主要由双耳时间差 ITD 线索、双耳强度差 ILD 线索及相关系数 IC 组成。而现有的空间音频编码技术主要是利用双耳线索来确定声源方位。在编码效率上，空间音频编码比传统音频编码技术高很多，可以获得更高的编码压缩比，同时音频的质量也不会下降，而且能大大地减小音频的存储空间和节约传输音频信号的宽带资源。目前，大多数研究者只测量了声源信号处于人头部正前方位置的双耳线索，没有进行多方位多频带的全面精细测量，因此可以通过实验获得完整详细 JND 数据，进一步提高空间音频编码的质量。

根据现有的空间音频编码技术，本篇只对双耳线索中的双耳强度差 ILD 线索的感知特性进行研究。通过设计的自适应测试系统测量在不同方位下的全频率范围内的双耳强度差 ILD 线索的 JND，然后再根据所得的实验数据分析感知特性 JND 与频率的变化关系，并绘制了双耳强度差 ILD 线索的 JND 与频率和方位间的三维曲面，为空间音频编码提供理论基础。

关键词：空间音频编码；双耳线索；双耳强度差；恰可感知阈值

第1章　绪论

1.1　研究背景及意义

　　3D 影视业的快速发展始于 3D 电影《阿凡达》的上映，其特效的制作技术给广大观众带来了视觉上的震撼效果，使观众能身临其境地感受电影中绚丽多彩的画面，受到了观众的青睐，也使 3D 音频技术成为信息与通信领域的前沿技术和热点研究方向。目前的 3D 视频技术已经能给观众提供视觉上较好的临场感和真实感，而现有的 3D 音频技术仅限于原有的立体声或环绕声技术，相对比较滞后，根本不能满足人们对 3D 音频听觉效果的需求。当今社会，人们的生活水平已经得到了极大的提高，而音乐成为了人们娱乐生活中不可分割的重要组成部分，它能丰富人们的娱乐生活。近几年来由于移动通信技术及互联网的飞速发展，音乐播放已成为各种移动终端设备的必备功能，人们可以随时随地地享受音乐带来的快乐。就目前统计数据可知，无线音乐已为移动多媒体增值业务带来了巨大的收益，成为其支柱业务之一。同时，生活水平的提高使得人们对高品质音频服务的需求日益迫切。单声道音频已无法满足人们对音质的要求，立体声和多声道音频技术成为高品质移动音频增值业务的重要支撑技术之一。但是传统的音频编码技术的编码效率较低，需要更大的存储空间来保存数据，也不利于在有限的带宽资源中传输这种数据量较大音频信号，因此在高音质的前提下，如何对音频信号进行有效的压缩处理是音频技术需解决的关键问题。

　　空间音频编码是根据空间听觉理论，将空间声源分别用单声道信号和空间参数来表达，其中单声道信号表示了声源信号的基本信息，是将传统音频编码中的多声道信号通过下混技术合成得到的，同时在多声道信号中提取表示声源信号方位和大小的双耳线索，也就是空间参数，然后对这些空间参数单独编码形成边信息，最后在解码端通过单声道信号和边信息还原空间声源。在空间音频编码中，双耳时间差 ITD 线索、双耳强度差 ILD 线索以及相关系数 IC 是人耳听觉系统感知声源方向的重要参数，是空间音频编码中的核心。目前，空间音频编码技术主要也是利用双耳线索来确定声源的方位。利用空间音频编码技术对声音信号进行编码能够获取更高的编码压缩比，减小了存储空间，同时提高了音频信号在有限宽带资源中的传输速率。然而，大多数研究者只对声源信号处于人头部正前方的双耳线索进行了测量，没有进行多方位多频带的精细测量，因此还可以进一步提高空间音频编码质量。

根据现有的空间音频编码理论，本篇只对空间音频编码中的双耳强度差 ILD 的感知特性进行研究。通过设计的自适应测试系统测量在不同方位、不同频率下双耳强度差 ILD 的 JND 值，得到更加详细的感知特性 JND 的数据，然后再根据所得的实验数据分析感知特性 JND 与频率的变化关系，并绘制了双耳强度差 ILD 的 JND 值与频率、方位间的三维曲面，对空间音频编码的深入研究作理论支持。

1.2　国内外研究现状

在水平面上，双耳时间差（Interaural Time Different，ITD）线索和双耳强度差（Interaural Level Different，ILD）线索是人耳听觉系统对空间声源进行准确定位的非常重要的两个线索。所谓双耳线索是指对于同一声源信号发出的声音在到达人的双耳时会产生微小的时间差或强度差，而人耳可以通过这个微小的差值来判断声源的方位。最早开始对双耳时间差 ITD 线索和双耳强度差 ILD 线索的产生机理及其定位作用进行详细阐述的是经典的双工理论（duples theory）[1]，该理论是由 Strutt 在 1877 年提出的。根据该双工理论可知，双耳时间差 ITD 线索是由于声音到达左右耳所经历的距离不同而造成的，而双耳强度差 ILD 则是由于人头部对音频信号的遮蔽作用导致的；双耳强度差 ILD 线索是人耳判断 1500Hz 以上声源方位的主要依据，而 1500Hz 以下声源方位主要由双耳时间差 ITD 来决定。因此人耳可以感知双耳强度差 ILD 线索和双耳时间差 ITD 线索的变化来准确定位声源方位。尽管人类听觉系统能够根据双耳线索准确地判断声源的方位，但是其感知灵敏度仍然具有一定的局限性。在双耳线索值发生变化时，只有当其变化量达到或超过最小域值 JND 时，人耳才能察觉到这种变化。所以当 JND 值越小，则表明人耳的敏感度越强，对声源的定位越准确。学者们为了研究人耳听觉系统对声源定位的这种敏感度，即人耳对双耳线索的分辨率，对双耳线索的感知特性进行了大量的实验测量和分析。双耳线索感知特性 JND 的影响因素有很多，比如声源频率、声源类型和声源方位等。为了分析声源方位对双耳线索 JND 的影响，学者们一般是将某种固定频率的声源放置在不同方位进行测听，在各个方位上获取和分析人耳听觉系统对双耳线索的感知阈值 JND。由于双耳时间差和双耳强度差本身就是声源方位的参数化表达，所以实验中一般都是通过改变声源信号的双耳线索值来获得不同方位的测听声音信号。

1960 年，Mills 使用恒定激励的方式，在 250～10000Hz 范围内分别测量了 5 名测试者对 8 种不同频率的纯音信号的双耳强度差 ILD 的感知特性 JND 值[2]。该实验的结果表明，当声源信号的频率为 1000Hz 时，人耳对 ILD 的 JND 值大约在 1dB；当声源信号的频率小于 1000Hz 时，JND 值要稍微低一些；当声源信号的频率大于 1000Hz 时，JND 值为 0.5dB 左右。

1969 年，Hershkowitz 等人单独选取频率为 500Hz 的纯音信号来测量和分析了双耳强度差 ILD 和双耳时间差 ITD 的感知特性 JND 受声源方位变化的影响[3]。实验结果表明，人耳的听觉系统对声道间的强度差或时间差的值越大的声源信号的感知阈值 JND 越大，这说明声源在逐渐靠近左右两侧时，人耳对声源方位的变化的敏感度越低，也就是判断声源方位的能力较差。

1977 年，Domnitz 也在实验中得到了与 Hershkowitz 相同规律的实验结论[4]。

1984 年，D.Wesley 根据 Mills 的实验结论，在 500～4000Hz 的频率范围内分别测量 4 名受试者对 8 种频率纯音信号双耳强度差 ILD 的感知特性 JND 值[5]。该实验结果表明，人耳听觉系统对频率为 1000Hz 的声音信号的双耳强度差 ILD 线索的变化最不敏感，而对其他各频率的声音信号的双耳强度差 ILD 的变化敏感度很接近，没有太大变化。

1988 年，William 采用纯音信号进行实验，并且将声音信号的双耳时间差 ITD 设置为 0，然后通过改变声源信号的双耳强度差的值来测试声源方位改变对双耳强度差 ILD 线索的感知特性 JND 的影响[6]，分别测量了人耳对声源信号的 ILD 为 0、5、10 和 15dB 时的双耳强度差 ILD 的感知特性 JND 值。该实验结果表明，声源的方位值 ILD 从 0dB（表示声源位于正中线方向）逐渐变化到 15dB（接近左耳方向）过程中，双耳强度差 ILD 线索的感知特性 JND 将会增大 5 倍以上。说明处在人头部正前方的声源信号向人耳的左右两侧移动时，人耳感知声源信号方位的变化会变得越来越差，也就是说 JND 值将会逐渐增加。

1992 年，Kaigham 利用频率处在 250～4000Hz 范围内的窄带噪声信号来测试双耳强度差 ILD 的感知特性 JND 值，实验发现当信号频率不断变大时，人耳的感知特性 JND 值没有明显的变化[7]。

2007 年，Francart 通过对窄带噪声信号进行频移处理的方式来测量人耳听觉系统的 JND 值[8]。测试实验采用的窄带噪声信号的带宽为 1/3 倍频程，该声音信号输入左耳时的中心频率分别为 250、500、1000 和 4000Hz，与左耳相对应的右耳输入信号是将左耳信号的中心频率都分别移动 0、1/6、1/3 或者 1 倍频程之后的声音信号。这个实验结果说明，对于每一个频移之后的声音信号，双耳强度差 ILD 的感知 JND 值会随着信号频率的变大而明显减小，而随着频移距离的增加，JND 值有明显的变大。

2011 年，根据之前学者们研究双耳线索感知阈值与声音信号频率之间关系所取得的成果，Leslie 等人对双耳强度差 ILD 线索感知阈值与信号频率进行了测试与分析[9]。他们在实验中发现了一个非常重要的结果：人耳对处于 500Hz 的低频信号的双耳强度差 ILD 线索的定位感知的偏侧范围要明显小于处在 4000Hz 的高频信号。该实验结果表明人耳感知较高频率的声源的双耳强度差 ILD 线索的分辨率要比较低频率的声源明显低一些，并且该实验结果与以往研究者得出的结论相比，存在很大的差异。因此，作者分析、推测颅内声像的总体偏移量和偏移量潜在的变化幅度也是影响 ILD 线索感知阈值的因素。

人类听觉系统感知敏感特性的研究在国内很早就已经开始了。20 世纪 60 年代，中科院生理研究所的梁之安教授就对声源定位与声源位置辨别之间的关系进行了研究[10]，分别对 43 名具有正常听力的测试者的声源定位偏差和 60 名正常听力的测试者的声源位置辨别阈进行了测试。该实验结果发现：定位声源的平均水平偏差为 3.1°，垂直平均偏差为 4.7°，总的平均偏差为 5.7°。当声源信号处在人头部正前方的水平位置且与测试者之间的距离为 1.15 米时，人耳对声源位置辨别阈的平均值为 3.5°。梁教授测量了处于人头部正前方声源的 JND 值，得到 ILD 线索的感知阈值 JND 的平均值为 0.70dB。1997 年，梁教授又利用一种新型调频调幅调相声刺激器，操作简单方便，分别对人和豚鼠通过心理物理方法和电生理方法来测量其强度感知阈值和相位感知阈值[11]。

2008 年，陈水仙等人在 20～15500Hz 的频率范围内对正弦纯音信号的频率与双耳线索的感知阈值 JND 的关系进行了分析[12]。该实验中，根据临界频带划分的基本理论将频率在 20～15500Hz 范围内的声源划分成 24 个 Bark，以 24 个 Bark 带的中心频率作为信号的频率来产生 24 个不同的测试纯音信号。将测试声源信号 的 ILD 和 ITD 均设置为 0，使其处在水平正前方，并且总共有 16 人参加该听音测 试实验，然后对这两个双耳线索的感知阈值 JND 进行测试。实验结果表明，在 200～3700Hz(中频段)范围内，人耳对 ILD 比较敏感，而在 200Hz 以下以及 3700Hz 以上，敏感度逐步下降（即 JND 值逐步上升，并且在高频段 JND 值上升非常明 显，可达到中频段 JND 值的 3 倍以上）。陈水仙等人的这次实验也是国内首次在 全频带范围内对双耳强度差 ILD 的感知阈值 JND 进行测试实验，同时实验测得的 数据比较全面精细。然而该感知阈值数据只是当声源处在正前方时测得的，没有 进行多方位的测量，因此数据不完整。

通过以上的叙述可知，学者们只是对空间声源处于人头部正前方位置的双耳 强度差 ILD 线索的感知特性 JND 进行了测量，而大多数研究者没有测量和分析多 方位多频带下的双耳强度差 ILD 线索的感知特性 JND，且参与实验的测试者的人 数太少，因此实验测得的数据不太完整，同时也需要进一步提高数据的有效性与 可靠性，此外还需要对实验中的测试条件进行适当的调整和完善。针对当前已有 的测试实验中存在的一些问题进行分析与改进，设计出一个更加可靠和有效的测 试实验系统，对双耳强度差 ILD 线索的恰可感知阈值进行多方位多频带的精细测 量，得出一个比较完整全面的 JND 数据，并对数据结果进行科学的分析，这是揭 示双耳强度差 ILD 线索感知特性需要解决的重要问题。

1.3　本篇研究内容

由于人耳的听觉系统对声源信号方位的感知分辨率存在一个极限值，也就是 感知敏感度值，因此本篇就目前双耳强度差 ILD 线索测试实验中存在的一些问题 进行深入研究，改进和完善测试实验方法，然后测量在不同方位下的 24 个频带内 ILD 的 JND 值，通过实验测得的数据对双耳强度差 ILD 线索与频率和方位的关系 进行数学拟合分析，揭示人耳对双耳强度差 ILD 线索的感知特性的感知内在机理。

本篇的研究主要分为以下三个部分：

（1）设计一个改进的双耳强度差 ILD 线索的实验测试系统。针对当前双耳 强度差 ILD 线索感知特性测试实验的不足，对测试实验的测试条件、测试方法等进行了一些改进和完善，提高实验的可靠性和全面性。

（2）测量不同方位下的全频带内的 JND 数据。利用改进的测试系统在不同方位下的全频带内测量双耳强度差 ILD 线索的 JND 值，实验测得的 JND 数据较之前更加全面完整。

（3）对双耳强度差 ILD 的感知特性 JND 进行数学分析与建模。通过对（2）中得到的 JND 基础数据进行数学统计分析，使用数学拟合的方法，得出更加精细的双耳强度差 ILD 线索的 JND－频率－方位的三维曲面模型，得出 JND 与频率的逼近函数。

1.4　本篇各章节安排

本篇共有 5 个章节，各章节的安排如下：

第 1 章是绪论部分，主要阐述了本篇研究的背景及意义、国内外研究现状和研究内容。

第 2 章是对心理声学模型的一些理论知识进行详细讲述，主要内容有传统心理声学模型，空间心理声学模型以及双耳线索在空间音频编码中的使用。

第 3 章是介绍如何搭建试验系统测试双耳强度差 ILD 的感知特性 JND，并且采用了多方位全频带的精细测量，得到更加完整详细的双耳强度差 ILD 的 JND 值。

第 4 章是对第三章所测得的实验数据进行数学统计与分析，利用数值分析中的数学拟合的方法分析双耳强度差 ILD 的 JND 与频率和方位的变化关系，并绘制 JND－频率－方位的三维曲面图。

第 5 章是对本篇研究内容的总结，为以后更进一步的研究指明方向。

第 2 章　空间心理声学理论基础

2.1　引言

音频压缩编码技术就是对音频信号进行压缩编码，使音频信号所占的空间和宽带尽可能的减小，且压缩后的音频信号更容易存储和传输，效率较高。从现有的音频压缩编码技术来看，多声道音频压缩编码能够比较真实地将声源信号的立体感和环绕感进行恢复，让听者身临其境感知声源信号。音频压缩编码技术的发展大致可以分为三个阶段。第一个发展阶段是以香农信息论为基础，用数学统计概率模型对信源进行描述，为信源信息的度量、变换、存储和传输等问题提供了理论基础，但是这个阶段的音频编码并没有考虑到人耳本身的主观感受特性；第二个发展阶段是以传统的心理声学模型为基础，通过人耳的掩蔽效应去除人耳感知不到的部分，然后再对音频进行压缩编码处理，这个阶段称为听觉掩蔽效应的感知音频编码阶段；第三个发展阶段则是现在多声道音频编码中比较流行的空间音频编码阶段，这个阶段主要是以空间心理声学模型为基础对音频信号进行压缩，相对于以声学掩蔽效应为基础的压缩技术，空间音频编码技术压缩效率更高。传统心理声学模型和空间心理声学模型已经应用在目前很多主流的编码器中，传统心理声学模型在变换编码器、子带编码器、混合编码器等编码器中被使用，而空间心理声学模型在当前多声道空间音频编码器中被广泛使用。下面几个章节将对传统心理声学模型和空间心理声学模型的理论基础进行详细的介绍。

2.2　传统心理声学

人耳可以根据强度和频率来辨别不同的声源信号，而这种辨别能力主要是由人的主观感受表现出来的。所谓心理声学是指研究人耳听觉系统对不同声音信号表现出不同主观感受的科学[13]。学者们对心理声学的探索与研究始于 20 世纪三四十年代，并且也取得了一些研究成果。但当时对心理声学中声音信号的掩蔽效应研究比较重视，因此心理声学成了许多学者重点关注研究课题。正式确立心理声学概念是在 20 世纪五六十年代，德国斯图加特电信协会就声音信号刺激和主观感觉之间的关系进行了较为深入的研究，并得出了两者之间的函数关系[14]。在随后几十年中，通过大量的声学实验和数学分析，研究者逐渐明确了掩蔽效应产生的生理和心理机理，建立了声音信号的掩蔽阈值与其频率、强度之间的函数关系，形成了基于能量域的声音信号感知模型。根据上述研究成果，MPEG 标准化组织在其 1992 年颁布的 MPEG-1 编码标准中明确定义了心理声学模型 I 和 II，如图 2.1 所示。

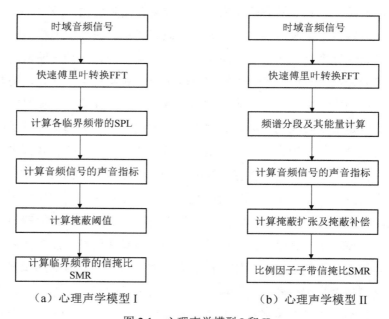

（a）心理声学模型 I　　　　　　（b）心理声学模型 II

图 2.1　心理声学模型 I 和 II

2.2.1　听阈和痛阈

研究表明，人耳听觉系统能够感知的声音信号的频率范围约为 20Hz～20000Hz，但处于该频率范围之外的声音信号是人耳无法感觉到的[15]，而且该频率范围内的声音信号的强度必须达到一定的值之后人耳才能感觉到。所谓阈值是指在一个没有外界噪声干扰的安静环境中，声音信号强度值存在一个极小值，该极小值是人耳听觉系统所能感知的最小值。听阈是声音信号频率的函数，随着频率而变化，因此不同的声音信号对应着不同的绝对听觉阈值。无外界噪声的安静环境下，听阈的计算表达式如下：

$$T(f) = 3.64(f/1000)^{-0.8} - 6.5e^{-0.6(f/1000-3.3)} + 10^{-3}(f/1000)^4 \qquad (2.1)$$

其中，等式中 f 表示单频声音信号的频率，听阈 $T(f)$ 的单位为 dB。

如果声音信号的声压级增大到一定程度，人耳就会感觉到刺耳或者疼痛，那么这个刺耳或者疼痛的临界值就称为痛阈[16]。与听阈类似，痛阈的大小与声音信号的频率存在一个函数关系。听阈、痛阈与频率的曲线关系如图 2.2 所示。

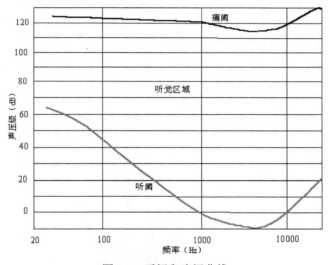

图 2.2　听阈和痛阈曲线

根据图 2.2 中的两条曲线可以看出，听阈曲线呈现"两端高中间低"的特点，这说明在低频段和高频段的听阈比较高，而在中间范围频段的听阈比较低，因此可以看出人耳对处于 2000～4000Hz 频率之间的声音信号比较容易感知，即敏感度高。痛阈曲线的变化缓慢，很平坦。痛阈与听阈之间的区域称为人耳可感知的区域，也就是听觉区域。

2.2.2　掩蔽效应

所谓掩蔽效应的定义是：当人耳听觉系统感知两个在时间和频率上很接近且响度不同的声源信号时，两个声源信号中的响度较高声源信号会干扰到人耳对响度较低声源信号的感受，使其变得不易察觉的现象[17]。掩蔽过程是指在人听觉系统感知声音信号的过程中，一个较弱的信号会被一个较强的信号所抑制，其中较强的信号成为掩蔽者，较弱的信号成为被掩蔽者。此时如果一个声音信号恰好将另一个声音信号掩盖，这个声音信号的强度就叫掩蔽阈值[18]。事实上，掩蔽效应的过程较为复杂，会受到时间和频率这两个因素的干扰，到现在为止，研究者们都无法清晰地对掩蔽效应进行详细完整的解释。但在我们的日常生活中又存在很多与掩蔽效应相关的一些事情，比如：某个班级中有两名学生，其中学生 A 不管是在学习成绩还是课堂的活跃度都要好于较内向的学生 B，因此学生 B 就很容易被学生 A 的光芒掩盖，老师也会更倾向于去关注表现活跃的学生，而忽略那些较内向的学生。掩蔽效应说的就是这个意思。在掩蔽效应中有两种掩蔽，分别是时域掩蔽和频域掩蔽。时域掩蔽的含义是掩蔽者与被掩蔽者的时间间隔接近；频域掩蔽的含义是掩蔽者与被掩蔽者同一个时间出现，而两者处在不同的频带上，因此彼此就会相互影响对方的现象[19]。图 2.3 说明了掩蔽效应的过程。

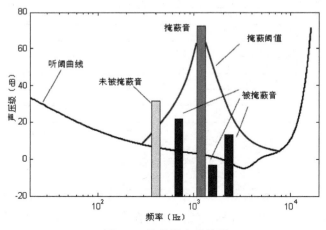

图 2.3　掩蔽效应曲线图

　　音频编码器在对信号进行处理时，依据人耳的掩蔽效应去除了声道内的感知冗余，同时利用人耳对空间参数的感知敏感特性去除了声道间的参数感知冗余，因此就可以实现多声道信号压缩。

2.2.3　临界频带

科学家们经过大量的实验研究发现，在以某个频率为中心的特定范围内，声音信号对人耳所产生的听觉感知是基本相同的，也就是说在这一固定的频带范围内，声音信号的掩蔽阈值是恒定的，这个特定频带就称为临界频带[20]。因此声音信号传入人耳听觉系统就是在临界频率的理论上进行分析的，可以将人耳看作一个滤波器，会对空间声源产生多声道的滤波过滤，最后声音信号被分解成许多自带信号。如果被掩蔽者频率刚好落在某个临界频带内，且该临界频带的中心频率为掩蔽者的频率，此时会出现极为明显的掩蔽效应，如果被掩蔽者不在以掩蔽者的频率为中心的临界频带内，掩蔽效应还是会产生，但是当临界频带差（频率差）逐渐变大时，带间的掩蔽作用降低[21]。临界频率随频率的变化关系可由 Fletcher 与 Zwicker 研究得到[22]：

$$CB = 25 + 75(1 + 1.4f^2)^{0.69} \qquad (2.2)$$

其中，CB 代表了临界频带的频带宽度，f 为临界频带的中心频率，单位为 kHz。与临界频带相对应的概念是巴克（Bark），一巴克对应一个临界频带的宽度[23]，巴克带的计算公式如下：

$$Bark = 13\arctan(0.76f) + 3.5\arctan(f/7.5)^2 \qquad (2.3)$$

由式 2.3 可以计算出 24 个不同的临界子带对应的巴克，所得的临界频带的划分表见表 2.1。

表 2.1　临界频带划分

编号	中心频率（Hz）	带宽（Hz）	编号	中心频率（Hz）	带宽（Hz）
1	50	80	13	1850	280
2	150	100	14	2150	320
3	250	100	15	2500	380
4	350	100	16	2900	450
5	450	110	17	3400	550
6	570	120	18	4000	700
7	700	140	19	4800	900
8	840	150	20	5800	1100
9	1000	160	21	7000	1300
10	1170	190	22	8500	1800
11	1370	210	23	10500	2500
12	1600	240	24	13500	3500

研究表明临界频带的宽度是与频率相关的，频率对临界频带的宽度有较大影响，即随着频率的不断增大，临界频带的宽度也随之增大[24]，下面的图 2.4 所示为临界频带的宽度与中心频率的关系曲线。

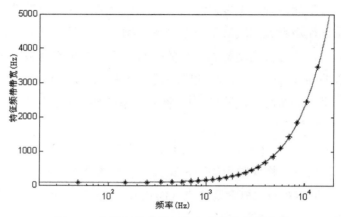

图 2.4　临界频带宽度与中心频率的关系曲线

根据上面已划分出的临界频带，再以临界频带为基准的频带掩蔽曲线如图 2.5 所示。

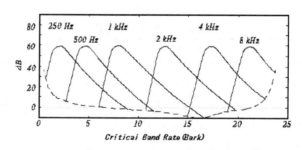

图 2.5　基于临界频带的掩蔽曲线

2.3　空间心理声学

传统心理声学研究的主要对象是外部刺激所引起的主观感受和其他响应，对声音信号的物理性质与人类的主观感受之间的关系进行了较为详细的说明[25]，根据声音信号表现出的掩蔽现象来研究声音强度的听阈的变化规律。然而，空间心理声学主要对人耳感知空间声源方位的空间属性进行研究。因此人耳听觉系统获取的空间环绕感主要是由空间声源的空间定位所引起的，下面章节对双耳空间定位的基本概念和基本原理进行了详细介绍。

2.3.1 空间定位

1. 概念与原理

定位和定位模糊[26]是空间定位的两个基本概念。其中，定位主要是对一个音频事件中的空间属性和音频对象的声场方位进行描述。音频事件指的是引发人耳感知的多个空间声源及这些声源之间的相关性。产生这种立体声效果的原因是人耳对空间声源的空间定位感知能力，可以准确地辨别各个方位声源的相对位置。而定位模糊就是指当音频事件中的个别或一些属性产生细微的变化时，人耳就会产生定位模糊现象以致无法判断各个声源的相对位置。在水平方位上，人耳对正前方位置声源变化的感知敏感度比两边要高。

单耳定位与双耳定位是人耳对声源定位的两种方式，当人耳通过这两种方式判断声源方位时，它们产生的机理几乎一样，且都是通过两个双耳线索对声源进行准确定位，即双耳时间差 ITD 线索和双耳强度差 ILD 线索。然而这两个双耳线索的产生具有不同的原理。

单耳定位是由耳廓效应而产生的，这种耳廓效应是指声源发出的声波信号在传入耳廓时就会发生分流的现象，其中一部分声波将直接传入耳道，而其余的声波信号将受到耳廓反射，之后就间接被传入耳道[27]。正是由于声波信号传输的路径不同产生了时间差和强度差，单耳定位也正是因为这种原因形成了。但是研究者们对于耳廓效应的具体的心理—生理机制还并不是特别清楚。

根据声源是单声源还是多声源，双耳定位又可以分为双耳效应和德拜效应[28]。双耳效应是因为声音信号在传输的过程中受到头颅的阻隔，所以声波信号到达两耳的时间和距离不同，这种时间和距离的差别就产生了定位感知。

由人耳定位产生的机理，研究者们将引起人耳感知定位的线索分为三种：距离线索、方位线索、高度线索。人耳对声音水平方位的变化的感知是最敏感的，研究者们对水平方位线索的研究也是比较成熟的，例如耳间时间差、耳间强度差和耳间相关性三个空间参数。其中本课题所研究的双耳线索是双耳强度差线索。

一般情况下，方位线索对左右方位的定位效果比上下前后的定位效果要明显。要做到对不同的个体进行全方位的定位就要利用 HRTFs（头传输函数）。人耳结构中，耳蜗相当于滤波器，声波信号进入耳蜗后就相当于进行了滤波处理。而 HRTFs 模型实际上就是根据声波信号从左耳到右耳的传输路径来确定的，HRTF 的个体性很强，假如在音频编码中我们能够把不同的 HRTF 应用到不同的个体当中去，那么就可以对空间声场有一个全方位、准确的定位。但是 HRTFs 并没有在实际的音频编码器中得到应用，因为利用 HRTFs 的复杂度很高，大规模的运用存在不小的难度。

2. 双耳线索定位敏感度

人耳听觉系统的确能够感觉到空间声源信号的双耳线索的变化，但是人耳的这种感知能力也存在一定的局限性。人耳感知声源方位的能力是有限的，双耳时间差 ITD 线索和双耳强度差 ILD 线索的变化必须大于一个最小的变化量，声源信号的方位才能被人耳所感知，而我们一般将这个最小变化量定义为恰可感知差异（Just Noticeable Difference，JND）或者称为临界感知阈值（threshold）。

研究者们通过大量的研究实验表明，临界感知阈值与声音信号的频率、声强以及声音信号的时长等因素都有关系。ILD 参数的临界感知阈值大约在 0.5～1dB，受声音响度的影响不是很明显。JND 值会随着 ILD 方位的变化而变化，随着 ILD 值的增大而增大。但是对于时间差参数 ITD 而言，频率对其 JND 的影响比较大、研究者们发现，在频率小于 1000Hz 时，时间差 ITD 参数的感知敏感度基本没有发生什么变化。和 ILD 类似，ITD 方位同样对其 JND 有比较显著的影响，感知敏感度会随着 ITD 值的增大而降低。但是 JND 受响度的影响不大。对于相关性参数 IC 而言，参数本身直接影响着其感知敏感度。相关性参数 IC 的值在 1 附近时，很小的差别就能被感觉到，但是 IC 的值在 0 左右时，需要有非常大的变化量我们才能够感知到。响度对 IC 参数的感知特性影响不大，只要其响度值大于绝对听觉阈值即可。音频信号的时间持续长度对 JND 也会有影响，通常情况下，信号的持续时间长度应该在 200～400ms，如果音频信号的持续时间比较短的话，那么 JND 的值会减小。信号时长也同样对 IC 参数有影响。这种现象我们称为听觉系统的短时集成性能（temporal integration properties）[29]。

2.3.2　双耳线索的感知特性

空间音频编码所使用的双耳线索是人耳定位声源方位的主要依据，它代表声源的方位信息。当一定距离的声源信号到达双耳时，由于双耳中声音信号存在一个路程差，在时间上就会存在时间差，因此称为双耳时间差 ITD，而双耳强度差是当声源信号到达头部时，由于头部的遮挡作用导致左右耳中的声音信号声压级不同，也就存在一个强度差。人耳获取空间声源的空间感主要由双耳线索来决定。ITD 和 ILD 所表示的声源方位在人头部中的位置分布如图 2.6 所示。

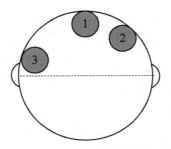

图 2.6　ITD 和 ILD 对应的感知事件

从图 2.6 中可以很明显看出，标有数字 1 的区域表示人耳感觉声源信号处于人头部的正前方位置，此时 ITD 和 ILD 均为 0。当声源信号向人的右耳边移动时，人耳会感觉声源偏向了右边，也就是右耳边的声音信号强度大于左耳或是声音信号到达右耳的时间短于左耳，如区域 2 的位置。当双耳中有一边的信号强度为 0 或双耳时间差达到一定值时，声源处在左耳或右耳的极端位置，如区域 3 的位置。

2.4　空间音频编码与双耳线索

空间音频编码主要是以空间心理声学、心理声学与传统音频编码为理论基础，利用声道下混和空间线索对多声道（包含两个声道）进行编码，其中声道下混和空间线索是空间音频编码中的两个主要的核心技术。与传统的音频编码相比，空间音频编码提高了编码效率，能获取更高的编码压缩比，可以在有限宽带内更快地传输音频信号，同时也减小了音频信号的存储空间。通过使用空间参数模型，空间音频编码可以对多声道（包括立体声）音频信号进行高效编码，它是一种高效率的编码器。由于在立体声多声道中存在空间声场，因此可以从多声道的音频信号中提取空间参数，而声音信号的方位信息可以在解码端被还原，代表了声音信号的空间属性。在空间音频编码中，首先就是将多声道信号用单声道信号和空间参数来表示，然后分别对它们单独编码就可以还原声音信号的原始空间声场。

目前，在一些较主流的编码器中都用到了空间参数来进行编码，可以在提高编码效率的同时不降低音频的质量。空间音频编码技术就是在传统音频编码的基础上很好地结合了空间参数，利用单声道信号结合空间参数在低码率下重现了立体声场。图 2.7 所示为空间音频编码技术框架。

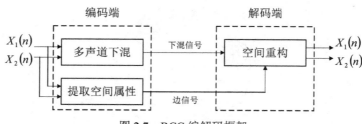

图 2.7　BCC 编解码框架

根据图 2.7 可知，多声道下混就是利用了下混技术。所谓下混技术是指采用传统的音频编码技术对多声道音频信号（包括两声道）下混生成的单声道信号进行单独的编码。然而该下混技术不是将多个声道的信号进行简单的叠加得到的，因此为了保证所得的单声道信号包含所有声道的成分，不能简单地叠加声道信号。通过下混技术得到的单声道信号的能量与原始多声道信号的能力相比的结果会出现极小值与极大值间的剧烈变化，因此需要让多声道信号与下混信号具有相同的能量和，也就是下混之后的信号能量要等于多声道信号能量。图 2.8 为下混技术的流程框图。

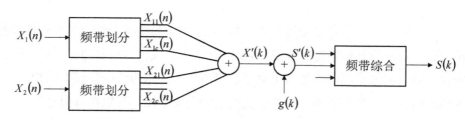

图 2.8　信号下混过程

从图 2.8 中可知，下混过程是先对输入的多声道信号 $X(n)$ 进行频带划分，再将左右声道相同的子带信号以子带为单位相加生成 $X'(k)$。我们看到，流程图中把 $X'(k)$ 乘了一个能量增益 $g(k)$，这主要是为了保持能量的平衡。计算等式如下：

$$\sum_{i=1}^{2} p_{x_i}(k) = g^2(k) p_{x'}(k) \tag{2.4}$$

其中，$p_{x_i}(k)$ 表示在 k 时刻 $x_i(k)$ 的短时功率估计，$p_{x'}(k)$ 为 $\sum\limits_{i=1}^{2} x_i(k)$ 的短时功率估计。

由上面的等式 2.4 可以计算 $g(k)$ 的表达式：

$$g(k) = \sqrt{\sum_{i=1}^{2} p_{x_i}(k)} \Big/ \sqrt{p_{x'}(k)} \qquad (2.5)$$

另一个比较重要的技术就是空间线索的提取与合成，也即双耳线索的提取与合成，主要包括时间差、强度差和相关性线索。空间线索用来表征音频信号的空间声场。空间音频编码中空间声场与原始输入音频信号是完全匹配的。要确保原始空间声像的真实重构，其关键在于对输入多声道音频信号的空间属性进行正确的提取与合成。在解码端的空间参数合成之前，会首先做去相关处理，即通过基准的单声道信号生成另外一个声道信号。这个生成的信号和下混信号彼此独立并且大体相类似。然后将去相关处理后的空间参数信息加入到一个相应的矩阵中，输入信号的空间感就是通过对两个声道信号进行矩阵操作实现的。

空间参数提取方法为：先将左右声道的音频信号进行时频分离处理，也即时频转换和加窗，再将音频信号的频谱进行子带划分，然后再对左右声道的每个子带进行空间参数的提取。三个参数的具体提取方式如下：

（1）ILD 线索的提取。

ILD 的计算定义为两个输入信号 $x_1(t)$ 和 $x_2(t)$ 对应子带的能量比。计算方法如下：

$$ILD = 10\log_{10} P_{x_1(t)}^2 \Big/ P_{x_2(t)}^2 P \qquad (2.6)$$

如果为复数的输入信号，则通过它与共轭信号的乘积计算其能量。

（2）ITD 线索的提取。实际上，一般采用声道间相位差 IPD 替代 ITD 进行计算。其原因如下：首先，研究者认为，我们可以用一个 $[0, 2\pi]$ 范围内的常数来对人耳 ITD 感知能力进行描述，所以对 IPD 的分析和量化操作比 ITD 简单。然后，IPD 可以在短时傅里叶变换时或者滤波时直接估算，就避免了时频交叉相关函数的计算，计算复杂度就大大降低了，而 ITD 则是在时域计算，因为如果在未加窗子带间计算容易产生误差。计算方法如下：

$$\phi_{x_1 x_2, b} = \sum_k \sum_{m \in b} x_{1,m}(k) x_{2,m}^*(k) \qquad (2.7)$$

其中，k 表示当前的帧数，m 则表示当前参数子带数。

（3）IC 线索的提取。IC 是声道间相关性的简称，即 IPD 相位校正后的归一化相关系数，主要是通过相位调整后的频谱来进行计算的。计算方式如下：

$$C_{x_1 x_2} = \frac{\left| \sum_k \sum_{m \in b} x_{1,m}(k) x_{2,m}^*(k) \right|}{\sum_k \sum_{m \in b} x_{1,m}(k) x_{2,m}^*(k) \sqrt{\sum_k \sum_{m \in b} x_{1,m}(k) x_{2,m}^*(k)}} \tag{2.8}$$

在参数被提取后，是以参数立体声为标准对这些参数进行选取的。在 BCC 之后，参数立体声技术是一种影响较大的音频编码技术，它对 BCC 方案中的一些缺陷进行了一些改进，这种技术已经被成功地纳入国际标准，并且在空间音频编码方面实现了商用。参数立体声技术进行空间参数选取的时候主要选取的是 ILD、IC、IPD 和 OPD 四个参数。虽然 ILD 参数在高频范围内起主要作用，但在低频段感知特性也是存在的，所以对 ILD 参数的提取是在全频带进行的。而双耳时间差 ITD 参数则是作用于低频段的声源信号，在高频段人耳几乎不能通过双耳时间差 ITD 来感知声源方位的变化，所以在参数立体声编码器中，主要是在低频段对 IPD 和 OPD 参数进行提取的，对高频段参数就不进行提取了，IC 参数的提取也是在全频带进行的。

2.5 总结

本章重点介绍了传统的心理声学模型和空间心理声学模型的基本理论知识以及它们之间的区别。传统心理模型中最重要的概念是声学的掩蔽效应，在很多基于感知的音频编码器中，都是利用声学的掩蔽效应来对音频信号进行压缩的；空间心理声学模型中最重要的概念是双耳线索，双耳线索能够体现空间声源的位置信息，在目前很流行的基于空间参数的空间音频编码器中对立体声或者多声道信号进行编码时，都是利用双耳线索的定位能力并利用声学的掩蔽效应来进行音频压缩的，利用双耳线索进行音频压缩时所取得的压缩效率比传统的音频压缩方法要高很多，因此被广泛应用于当前比较流行的多声道音频编码器中。

第 3 章　双耳强度差临界感知特性测试系统的建立

3.1　引言

根据心理声学理论可知，频率和强度不同的空间声源作用于人耳时，人的主观感受存在差异。双耳强度差 ILD 线索是指一定强度的声音信号到达人的双耳时会产生微小的强度差异，而人耳可以通过它来感知声源的方位。当空间声源的频率高于 $1 \sim 1.5 kHz$ 时，人耳听觉系统主要利用双耳强度差 ILD 线索来获取声源的空间感。随着声源方位的变化，ILD 也相应发生变化，但是人耳却不一定能感知声源方位的变化，只有当 ILD 的变化量达到一定的阈值时，人耳才能感觉到对应声源方位的变化，这个特定的阈值称为恰可感知差异值 JND。人耳对空间声源感知灵敏度是有频率选择性的，这表现为 JND 的数值具有频率相关性，也就是人耳对 ILD 的临界感知阈值会随频率的变化而变化，同时不同空间方位上声源的临界感知阈值也不一样。目前对双耳强度差 ILD 线索的 JND 的测量大多集中在人头部的正前方位置，没有进行多方位的全面测量，并且大多数研究者只测试了某几个频率范围的声源信号，没有进行多频带的精细测量，所以测得的双耳强度差 ILD 线索的 JND 值不是很完善。在基于感知的信号压缩技术中，JND 是一个重要的特征参数。在对信号进行量化的过程中，如果能保证量化误差低于信号的 JND，则该误差就是不可感知的，因而就能实现感知无失真的量化。

3.2　测试人员的选择

在本试验开始之前，必须专业地培训所有的受试者，让他们能够明白和理解本实验测试原理，能够正确地进行主观听音测试。所有的受试者在校医院的常规听音检查都正常，无听力受损者，同时他们对本实验的内容都有详细了解，且都经过了一段时间的听音练习。但是必须对听力正常的测试者再筛选两次，其筛选方法如下：

第一次筛选主要利用测试软件进行，评价的方法为：

首先，设定本测试训练的总次数 max=100，必须出现连续 20 次训练结果的正确率大于等于 90%。从训练的结果中找出最近 20 次的正确率是否达到测试标准，主要通过以下区间来判断：1～20，2～21，3～22，……，81～100。测试者至少测试 20 次，最多不超过 100 次。利用判断区间来不间断地判断每个区间的结果正确率。当某一个区间的训练结果的正确率为 90% 及以上时，则训练测试结束，认为该测试者的听力符合测听标准。当测听训练的次数达到 100 次时的结果正确率低于 90%，就认为该测试者的听力不符合测听的标准，不能参与测试，听音测试结束。设定测听筛选时的阈值为目标阈值的 2 倍左右，并且不改变测试过程中的测试值。参与本测试筛选的测试者必须有非常好的耐心和意志，同时也是为了筛选出较为优秀的测试者来参与实验，为后期的实验测试得出更加准确的实验结果。

第二次筛选主要是观察实验过程中的测试值的变化趋势，由于在进行每一次的筛选测试时，通常初始值设置的较大，测试者也很轻易地得出正确的判断，也就不会出现错误判断，但是随着这个阈值的逐渐减小，声源的方位就变得非常难判断，此时出现判断错误的次数就会增加，最终还会在一个区间内上下波动。所以如果测试者的判断结果符合这个变化规律，就可以参与本实验，否则需要测试者重新开始测试，要是测试者进行重复测试的次数很多，说明该测试者不能较专注地进行测试，也就不能参与本试验。

通过以上两次筛选的测试者才能够参与本实验，而且他们在实验中所测得数据更加可靠，也满足实验的要求。经过筛选之后的测试人员总共有 8 名，其中 4 名男性，4 名女性，年龄在 22～26 岁之间，均为武汉轻工大学数学与计算机学院在校研究生。每个测试者需要在实验中做 16 次测听，每次测听 6 个频点[8]。

3.3　实验设备

由于本试验对实验结果的要求较高，需要最大限度地减小实验的外部环境和设备给测试者带来的影响，因此选择在学校的国家音频实验室进行测试。参与实验的所有测试者都是在同一台计算机上进行实验，实验所用的耳机是专业的音频耳机。因此测试者只需要进行简单软件操作来完成实验。

软件设备情况（编程工具）：VS2005，MFC。

硬件设备具体物理配置如下：

（1）声卡：创新声卡，型号为 Sound Blaster X-Fi Elite Pro。

（2）耳机：Sennheiser，型号为 HD215。

本试验所用的耳机存在会在人头中产生声像的问题，而且对该现象本篇也没有进行特殊的阐述，因为该测试耳机出现的头中声像问题对测试造成的干扰较小，此外使用耳机的测试效果将会更好。

通常在使用扬声器重放声源时，声源的声像会出现在听音者的前面，也就是分布在听音者的前方，而使用耳机重放声源时，声像会在人头部内集中分布，因此在有些实际应用中不能采用耳机来进行重放。然而，在本试验中使用耳机听音将会比扬声器更加适合。因为使用耳机听音时，测试者可以通过自己头部中声像出现的位置来感知声源的大概方位，也就是耳机播放的声音在人的头部内存在定位效应，能够根据两个耳机中声音的强度差辨别声源的相对方向。此外通过耳机调节双耳的强度差较容易，可以方便地改变声源声像在人头部中的方位。同时直接通过计算机控制耳机中声音的声压级较稳定准确，而且耳机能够降低周围环境对本试验的干扰，最终实验数据的可信度以及实验的效率都较高。因此本实验采用耳机测试。

当采用其他听音设备在人的头外重放声源时，声源信号传入人耳后，两耳之间的声压级会受外部环境的干扰，例如受试者的躯干和耳廓，因此不能保证每次实验条件的一致性，就会导致每次听音测试时声音的声压级会受到不同程度的改变，也很难精细地去控制测试序列中左右声道间的双耳强度差值，无法准确地测试 ILD 的感知特性 JND。同时采用头外声源测试较为麻烦，实验结果会受到影响，会浪费大量的时间来变动扬声器的位置，以致测试效率较低。所以不采用此类方式进行实验。

1974 年 Plenge[30]就分析了头中定位和头外定位之间的差别并进行了对比阐述，并且将双耳线索感知测试实验看作偏侧性（lateralization）实验，通过耳机可以非常方便地对每个声道进行调节来做测试。由于声源的定位（localization）实验需通过耳外声源来做实验，因此双耳线索的感知测试实验也都使用耳机来完成，而本篇就是利用耳机进行的测听实验。

3.4 双耳强度差 ILD 参考值的选取

由人耳对声源的感知特性可知，在同一频带范围内不同方位上双耳强度差 ILD 的 JND 值是不同的，因此需要选取一些特殊方位测量 JND 值。这些特殊方位的声音信号所对应的参考值是根据 Yost 的研究结论来选取的[31]。该研究结论表明：当参考音的 ILD 值分别为 0、9 和 15 dB 时，声源分别处在人的中垂面、偏左 45°和左耳处。其中人耳对处于中垂面的声源最敏感，对处于两端的最不敏感。当参考值较小时间隔越小，因此本篇选取四个参考值进行测量，即 0、2、5、9 dB[32]。

3.5 测试序列的制作

根据频带划分表，使用 audition 软件生成对应的 24 个特定中心频率的纯音，其采样率为 48 kHz，采样精度为 16 bit，音频信号的时长为 200 ms，在通过调节正弦音的幅度，保证生成的音频文件在耳机输出端的平均声压级为 75 dB，记为 S。由于声压级在 75 dB 时，人耳的听音效果较好。每条测试序列均由参考音和测试音两段信号组成，且它们的长度均为 200 ms，同时测试序列都有 10 ms 的上升和下降段，它们中间还有 500 ms 的静音间隔段[6]，所以每条测试序列的总时长为 920 ms。听音测试时，每条序列的参考音和测试音的播放顺序都是随机的。通过产生的整体随机变化声压 C 来消除单耳强度差线索和双耳响度线索，则参考音的左声道信号声压级 L 和右声道信号声压级 R[6]分别为

$$L = S + ILD_s / 2 + ILD / 4 + C \qquad (3.1)$$

$$R = S - ILD_s / 2 - ILD / 4 + C \qquad (3.2)$$

测试音的左声道 L 和右声道 R 分别为

$$L = S + ILD_s / 2 - ILD / 4 + C \qquad (3.3)$$

$$R = S - ILD_s / 2 + ILD / 4 + C \qquad (3.4)$$

其中 ILD_s 表示 ILD 的参考声压级，ILD 表示实验所要测的 JND 值，同时将左右声道间其他空间参数 ITD（双耳时间差）和 IC（相关系数）分别设置为 0 和 1，降低它们对实验结果的影响。图 3.1 是通过上述方法生成的一条测试序列的波形，该波形的前段是参考音，后段是测试音，波形的上下部分分别为左声道信号

和右声道信号，并且左声道信号的声压级要比右声道大，表示人耳感觉的声像偏向左侧。从整个测试序列波形图可以看出，后段波形的左右声道间的强度差 ILD 要比前段波形的强度差 ILD 大，因此后段波形的声源处于前段波形的左边，更偏向人的左耳。

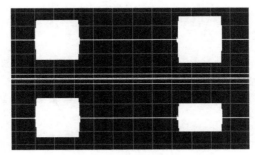

图 3.1　测试序列波形

3.6　测试方法

本实验采用 1 up/2 down 2AFC[33]（two alternative forced-choice）自适应心理测试方法设计测试系统。该测试方法需要多轮测试，每轮测试所产生的测试序列都要根据上一轮的测试结果来生成。根据如图 3.2 所示的曲线可知，当测试者连续 2 次判断正确时，系统会把当前测试序列的 ILD 值减小一个步长再生成一组新的测试序列，而测试者只要出现判断错误，则会将 ILD 值增加一个步长再生成新的测试序列，然后重复该测试过程，ILD 的变化步长会随着逼近程度的提升而逐步降低，逐渐逼近人耳真实 ILD 的感知阈值 JND。

由于双耳线索的恰可感知阈值 JND 初始值的设置对实验测试效率的影响较大，如果 JND 的初始值设置的太大，那么测试者的测听次数就也会增加很多；如果 JND 的初始值设置的较小，那么要得到较合理的实验结果就变的非常困难。根据大量的实验研究可知，将 JND 的初始值设置为待测目标值的 3～5 倍比较合适，测试者在感知声音信号的方位时会经历一个由易到难的过程，最后会逐渐靠近目标值。由于本试验是在不同方位下的全频率范围内测量 ILD 的 JND，选取方位参考值分布在从人头部的中间到左边之间，所以 JND 值会产生动态变化，变化的范围也很大，必须设定不同的 JND 初始值来进行测试实验，有利于快速获取目标值，提高测试的效率。我们可以根据目前已经存在的实验数据，以及小范围内测试得到的数据来设置 JND 的初始化步长。

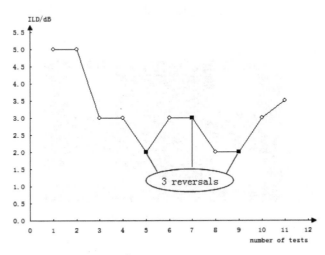

图 3.2　1 up/2 down 测试过程图

在 1 up/2 down 心理测试中选择合适的初始化步长有利于提高实验的测试进度，减少测听的时间，可以得到更加可靠的实验结果，因此初始化步长的大小对实验最终结果的影响较大。当 JND 的初始化步长为理想步长的 2 倍时，实验的测试效率就会下降 25%；当初始化步长为理想步长的一半时，实验的测试效率就会变得很差，大约下降 100%。然而在选择初始化步长之后，还要在测试过程中不断调整步长大小，需要通过不断测试才能得到较为理想的测试方案。

为了使实验过程更加简单直观，本篇选择在时域中测量双耳强度差 ILD 的 JND 值。根据 3.4 节中所选的 4 个 ILD 参考值，测量每个参考值对应的 24 个频带范围的声源信号的双耳强度差 ILD 的 JND 值。图 3.3 是整个测试系统的流程图，其测试过程如下：

设参考音的 ILD 值为 SP_{ref}，测试音的 ILD 值为 SP_{test}，实验中变化步长为 SP_d，即待测目标 JND 值，则有

$$SP_{test} = SP_{ref} + SP_d \qquad (3.5)$$

步骤 1：选择序号为 x 的频带，根据参考音 ILD 的 SP_{ref} 和变化步长 SP_d 的初始值生成测试序列，测试音的 ILD 为 SP_{test}，且参考音和测试音前后顺序随机排列。

步骤 2：用步骤 1 所生成的测试序列进行测试，再根据测试结果来改变变化

步长的值。N_r 和 N_w 分别表示判断结果的正确数和错误数。N_r 的初始值为 0，当判断结果正确时，则将 N_r 加 1，错误数 N_w 置为 0，直到连续两次结果判断正确后，就减小步长变化 SP_d 的值，并将 N_r 和 N_w 都置 0，然后判断是否出现反转，如果出现反转，则保存当前反转次数和 SP_d 进入步骤 3，否则返回步骤 1 根据当前的 SP_d 生成新的测试序列；当判断结果错误时，将 N_r 置为 0，而 N_w 加 1，此时增加 SP_d 的值，再将 N_r 和 N_w 都置 0，判断是否出现反转，如果出现反转，则保存当前反转次数和变化步长 SP_d 当前的值并进入步骤 3，否则返回步骤 1 根据 SP_d 当前的值生成新的测试序列，进行下一轮测试。测试中的反转是指 SP_d 的值由增加变为减小或由减小变为增加为一次反转，从第一次执行步骤 2 到当前总共的反转次数即为当前反转次数。

步骤 3：设反转次数阈值为 L，如果当前反转次数达到 L 次，则进入步骤 4，如果没有达到，则在步骤 1 开始执行。

步骤 4：选出反转次数中最后 t 次反转的变化步长 SP_d 值，求出平均值，得到序号为 x 频带范围下双耳强度差 ILD 的 JND，t 为预设值。

在步骤 2 中，变化步长的改变如下：

$$SP_d = SP_d / gain - step \tag{3.6}$$

$$SP_d = SP_d \times gain + step \tag{3.7}$$

其中 $gain$ 表示指数变化参数，$step$ 表示线性变化参数。减小变化步长 SP_d 是通过（3.6）式实现的，增加变化步长是通过（3.7）式实现的。

设 $gain$ 和 $step$ 的取值分别为 $g1$、$g2$、$g3$、$g4$ 和 $s1$、$s2$、$s3$、$s4$；反转次数记为 $reversals$，取 $r1$、$r2$、$r3$、$r4$ 四种临界值，且 $r1<r2<r3<r4=L$；变化步长 SP_d 取 SP_1、SP_2、SP_3 三种临界值，且 $SP_1 < SP_2 < SP_3$，变化参数 $gain$ 和线性变化参数 $step$ 的调整过程如下：

（1）如果 $reversals< r1$，则令 $gain = g1$、$step = s1$。

（2）如果 $r1<reversals<r2$，$SP_d > SP_1$，则令 $gain = g1$、$step = s1$。

（3）如果 $r1<reversals<r2$，$SP_d < SP_1$，则令 $gain = g2$、$step = s2$。

（4）如果 $r2<reversals<r3$，$SP_d > SP_2$，则令 $gain = g2$、$step = s2$。

（5）如果 $r2<reversals<r3$，$SP_d < SP_2$，则令 $gain = g3$、$step = s3$。

（6）如果 $r3<reversals<r4$，$SP_d > SP_2$，则令 $gain = g3$、$step = s3$。

（7）如果 $r3<reversals<r4$，$SP_d < SP_2$，则令 $gain = g4$、$step = s4$。

（8）如果 *reversals*>r4，则测试结束。

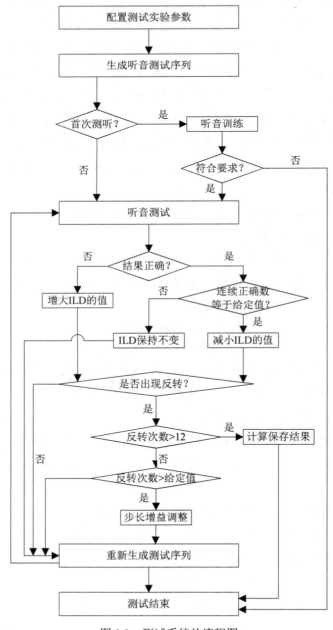

图 3.3　测试系统的流程图

3.7　测试系统建立

在进行测听实验之前，要设置该测试软件的配置文件的参数，初始化参数之后才可开始实验，如图 3.4 所示。每当测试者在选定的频率处做完测试之后，可以在下拉列表框中选择下一个频率开始实验，而下拉列表框中总共有 24 个频率值，因此每个测试者需要逐一进行 24 次测试。测试者每做完一个频率点的测试，测试结果就会被存储到 Excel 表中。存储在 Excel 的实验数据主要方便后期进行数据处理与分析。

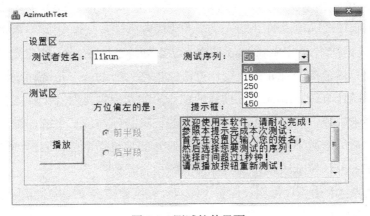

图 3.4　测试软件界面

3.8　总结

本章重点介绍了实验测试系统的搭建过程以及测试双耳强度差 ILD 线索的 JND 值。实验测试系统的搭建是根据现有的双耳强度差 ILD 线索的 JND 测试方法进行总结分析，改进和完善了实验中存在的一些不足之处，能更加准确地测量声源信号的双耳强度差 ILD 的 JND 值。实验中的测试信号是根据临界频带划分表生成的，以实验中选择的方位参考值 ILD 来测量不同方位下全频带范围内的双耳强度差 ILD 的 JND 值。因此本试验所获得的双耳强度差 ILD 的 JND 数据也较全面详细。

第 4 章　双耳强度差感知特性实验数据的处理与分析

4.1　实验数据

经过一段时间的实验测试，得到 4 种方位下的 24 个频带内双耳强度差 ILD 线索的 JND 值。由于实验测得的双耳强度差 ILD 线索的 JND 数据缺乏科学性和可靠性，不能较准确地说明 JND 与方位和频率的变化关系，因此本篇将实验中测得的 JND 数据样本采用 Bootstrap 抽样方法来处理。Bootstrap 抽样方法是一个用小样本估计总体值的一种非参数统计方法，也称为自助法，是现代统计学中比较流行的一种统计方法。Bootstrap 抽样的核心思想及原理是对一个样本资料通过使用重复抽样来生成一系列新样本，该方法的逻辑基础为：某个统计量的所有准确度估计指标是用来源于某一个总体的含量为 n 的随机样本估计而得到的，那么它的抽样分布就可以显示该统计量的各种值的相对频数[34]。

从数据表 4.1 中可以很明显地看出，双耳强度差 ILD 的 JND 值是随着方位值 ILD 的增大而变大，即人耳听觉系统对水平面上声源信号方位的判断最准确的位置为人头部正前方，当声源向左右两端移动时，人耳听觉系统对声源方位的感知敏感度会下降，也就是 JND 值会变大。利用 MATLAB 软件对表中的数据处理后得到了在四个不同方位下双耳强度差 ILD 的感知特性 JND 值随频率变化的关系曲线。

根据图 4.1～4.4 中曲线可知，双耳强度差 ILD 的感知特性 JND 受频率变化的影响较为明显。当频率大约处在 400Hz 和 4000Hz 时，双耳强度差 ILD 的 JND 值为最小，此时人耳对声源方位的感知能力最强；当频率处在 1000Hz 附近时，JND 变得很大；当频率高于 10000Hz 以后，JND 会随着频率增加迅速增加，人耳几乎无法感知声源方位。由于在声音信号的频率高于 10000Hz 以后对人耳的刺激非常强烈，会感觉到刺耳，已无法坚持继续进行测听实验，因此会对实验的结果产生较大的影响。

表 4.1　在不同方位下的 24 个频带范围内的双耳强度差 ILD 的 JND 值

频率序号	参考方位 ILD（dB）				频率序号	参考方位 ILD（dB）			
	0	2	5	9		0	2	5	9
1	1.56	1.96	2.54	2.76	13	1.56	2.36	2.62	2.91
2	1.63	2.17	2.38	2.63	14	1.37	2.28	2.57	3.02
3	1.38	1.92	2.26	2.57	15	1.34	2.37	2.74	2.92
4	1.44	2.12	2.17	2.53	16	1.42	2.52	2.50	2.86
5	1.49	1.81	2.26	2.76	17	1.67	2.68	2.35	2.79
6	1.56	2.30	2.33	2.91	18	1.58	2.80	2.31	3.01
7	1.53	2.27	2.54	2.84	19	1.75	2.85	2.56	2.96
8	1.65	2.53	2.72	3.08	20	1.71	2.76	2.89	3.59
9	1.73	2.85	2.88	3.23	21	1.85	2.91	3.35	3.66
10	1.69	2.61	2.62	3.12	22	2.02	3.17	3.80	4.09
11	1.64	2.58	2.72	2.96	23	1.99	3.36	3.74	3.83
12	1.48	2.42	2.57	2.89	24	2.24	3.50	4.15	4.47

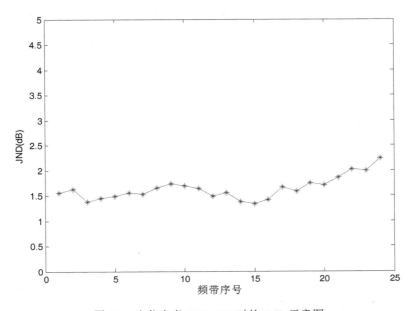

图 4.1　方位参考 ILD=0dB 时的 JND 示意图

双耳强度差 ILD 线索的 JND 在频率为 1000Hz 时出现较大的值是因为人耳对声源的准确定位在低频段主要通过双耳时间差 ITD 来判断，在高频段主要由双耳强度差 ILD 来决定，而 1000Hz 的声源信号对于双耳强度差 ILD 来说频率较低，对于双耳时间差 ITD 来说频率又显得过高，所以此时人耳听觉系统对声源的感知敏感度较差，会出现 JND 值较大的情况。

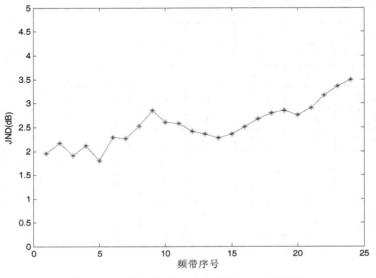

图 4.2　方位参考 ILD=2dB 时的 JND 示意图

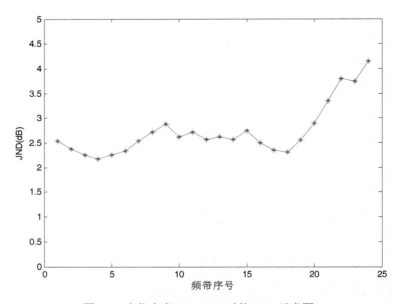

图 4.3　方位参考 ILD=5dB 时的 JND 示意图

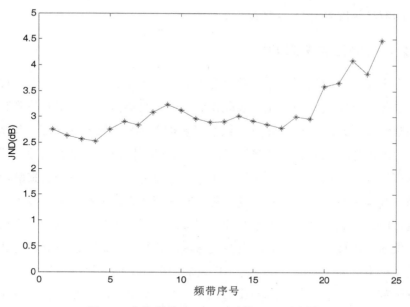

图 4.4　方位参考 ILD=9dB 时的 JND 示意图

上述四个图中的曲线分别是方位参考值 ILD 为 0dB、2dB、5dB、9dB 时 ILD 随频率的变化曲线图，但从上往下看可知，双耳强度差 ILD 的 JND 随方位参考值 ILD 的增加而增加，且每一个曲线中的 JND 在低频率的变化很缓慢，比较平和，当频率变大到一定值以后，JND 会上下波动、迅速变大。

4.2　双耳强度差感知特性 JND 曲面拟合

所谓曲面拟合就是根据实际测试实验中有限测试数据构造拟合曲面的一种方法，而这个拟合曲面上的点必须满足原有曲面的变化规律，所有实验数据都能近似地分布在拟合曲面上，且该拟合曲面要足够光滑[31]。曲面拟合技术是计算几何中的重要研究内容，被广泛地应用于数学、图像处理、航空、造船、精密机械加工等众多领域中。曲面拟合技术使用的是插值的方法，其插值结果有逼近样条和插值样条两种。逼近样条形成的曲线或者曲面可以较好地靠近但不一定通过给定点，插值样条形成的曲线或者曲面则可以通过全部给定点。为了更加深入地对实验结果进行分析和探讨，得出更加科学性和一般性的结论，我们将采用曲线拟合对已有的 JND 数据在多方位和多频带上进行插值拟合，从而可以得到更多方位和频带上的双耳强度差 ILD 的 JND 值。

4.2.1　插值法的基础知识

在许多实际应用问题中，通常会用函数 $y = f(x)$ 来表示某种客观事物内在的规律，但有的函数 $f(x)$ 只给出了实验得到的一系列离散数据，很难找到它们之间对应的数学关系式，有的函数 $f(x)$ 虽然有解析表达式，但其计算过于复杂，在实际使用中不方便。因此我们希望能用给定的信息来构造一个新的函数，该函数既能分析事物的性质和变化规律又便于计算。一般用插值法和拟合法来解决这些实际问题。其实早在一千多年前，我国科学家在历法研究中就应用了线性插值与二次插值，所以它是一种非常古老的数学方法。直到微积分产生以后，它的基本理论和结果才逐步被完善，其应用也日益增多，并得到了进一步发展，尤其是近十几年发展起来的样条插值，更获得了广泛的应用。下面将给出插值法的定义。

设函数 $y = f(x)$ 在区间 $[a,b]$ 上有定义，且已知在点 $a \leqslant x_0 < x_1 < \cdots < x_n < b$ 上对应的函数值为 $y_0, y_1, \cdots, y_n$ ，若存在一个简单函数 $P(x)$ ，使 $P(x) = y_i$ ，（$i = 1, 2, \cdots, n$）成立，就称 $P(x)$ 为 $y = f(x)$ 的插值函数，点 $x_0, x_1, \cdots, x_n$ 称为插值节点，包含插值节点的区间 $[a,b]$ 称为插值区间，求插值函数 $P(x)$ 的方法就称为插值法。如果 $P(x)$ 是次数不超过 n 的代数多项式，即 $P(x) = a_0 + a_1 x + \cdots + a_n x^n$ ，其中 a_i 为实数，就称 $P(x)$ 为插值多项式，相应的插值法称为多项式插值。如果 $P(x)$ 为分段式的多项式，就是分段式插值。如果 $P(x)$ 为三角多项式，就称三角插值。从几何上来说，插值法就是求函数 $y = f(x)$ 的近似曲线 $P(x)$ ，且 $P(x)$ 曲线通过给定 $n+1$ 个点 (x_i, y_i) ， $i = 0, 1, \cdots, n$ 。插值多项式的余项为 $R_n(x) = f(x) - P(x)$ ，也称为截断误差。

4.2.2　插值点的选取

由于本实验是在全频带范围内测量双耳强度差 ILD 的感知阈值 JND，需要花费大量时间和精力进行测听实验，因此我们选取了一些比较特殊的参考方位点来测量 JND 值。但实验测得的数据量还是比较大，要全面分析双耳强度差 ILD 线索的感知特性有点困难，因此我们采用插值法对实验数据进行分析。

最近邻插值法、三角基线性插值法和三角基三次插值法是目前实际的工程应用中被广泛使用的三种主流的插值法。本篇也采用这三种插值法对实验所得的

JND 数据进行处理，绘制双耳强度差 ILD 的感知特性 JND－ILD－频率三维曲面图。因此对实验中声源方位参考值 ILD 和频率选择合适的插值点很重要。以下是本篇插值点的选取方法。

（1）方位参考 ILD 的插值点。本篇所选的方位参考 ILD 值为 0dB、2dB、5dB、9dB。根据双耳强度差 ILD 的感知特性 JND 的变化曲线图可知，随着方位参考值 ILD 的变大，JND 值也会变大。因此，当声音信号的方位值 ILD 较小时插值点会更加的密集，当声音信号的方位值 ILD 较大时插值点会变得很稀疏，也就是方位值 ILD 较小时插值点个数越多，方位值 ILD 较大时插值点的个数越少。在依据人头部的对称性关系，本试验只需要测量位于头部正前方到左耳方向的双耳强度差 ILD 的 JND 值。方位参考 ILD 的插值点频率分别为 1dB、3.5dB、7dB。

（2）频率插值点的选取。

本实验中选取的测试信号是根据频带划分表中的 24 个中心频率来生成的。由于在每个中心频率所对应的临界频带范围内，人耳听觉系统对该频带范围内的声音信号的感知特性基本相同。因此可以用 24 个特定的中心频率纯音信号来表示 24 不同频带内的声音信号。最后测得的数据结果可以当作 24 个 Bark 带中信号的双耳强度差 ILD 的感知特性 JND 值，而位于两个 Bark 带之间的频率点的 ILD 的感知特性和这两个 Bark 带本身的 ILD 的感知特性应该是相类似，因此我们选取的插值点为每个 Bark 带的边界频率点，可以起到平滑作用，这样得到的拟合曲面更加光滑。所选的插值点频率分别为 100Hz、200Hz、300Hz、400Hz、510Hz、630Hz、770Hz、920Hz、1080Hz、1270Hz、1480Hz、1720Hz、2000Hz、2320Hz、2700Hz、3150Hz、3700Hz、4400Hz、5300Hz、6400Hz、7700Hz、9500Hz、12000Hz。

4.2.3　曲面插值拟合方法

在解决实际应用问题中，当前较为主流的三种插值法是最近邻插值法、三角基线性插值法以及三角基三次插值法。本章节也将会对这三种主流的插值方法进行介绍和分析，然后选出一种最好的方法来对实验中测得的数据进行曲面拟合分析。

1. 最近邻插值法

最近邻插值法（Nearest Neighbor）是一种较为简单的插值算法，也可以将其叫作零阶插值法，它是由荷兰气象学家 A.H.Thiessen 首先提出的一种分析方法[35]。早期的时候是利用该方法计算某个区域的平均降雨量，即首先将一些邻近气象站点之间用直线连接成三角形，然后在三角形的每个边上作一条中垂线，这些中垂线最后所形成的多边形中就会包围一个气象站，因此就将该多边形所代表的区域的降雨量来近似地表示此气象站的降雨量，该多边形叫作泰森多边形[36]，其在地理信息系统分析中使用较多。泰森多边形有三个特点：内部有且仅有一个点、内部点与对应离散点距离最近、其边上点与两边离散点间距相等[37]。

在最近邻插值法中将与每个网格点 $p(x, y)$ 距离最短位置的点的取值作为该网格点的取值。如果数据均匀分布或者文件中数据紧密完整且少数点无取值，那么此时就采用最近邻插值法来处理。使用最近邻插值法时，要注意数据网格化，网格化法无选项且是均质无变化的。将规则间隔的 XYZ 数据转换成为网格文件时，可设置网格间隔与 XYZ 数据的数据点之间的距离相等，有些时候，我们需要对网格文件中的无值数据区域进行排除，对搜索椭圆设置一个值，将网格文件里的空白纸赋予无数据区域，对搜索半径的大小有一个要求，那就是要比网格文件数据值间的距离要小，对于无数据网格节点，将被赋予空白值[38]。

本篇使用最近邻插值法对实验中的数据进行处理，得到如图 4.5 所示的双耳强度差 ILD 的感知特性 JND 的三维曲面。

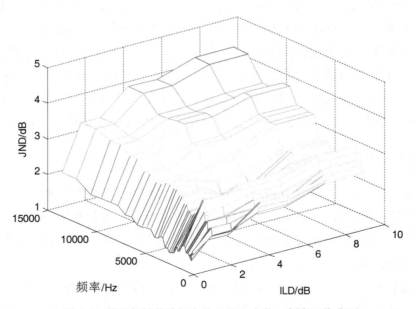

图 4.5　最近邻插值法拟合的 JND－方位－频率三维曲面

通过上面的拟合曲面图 4.5 可知，拟合曲面上的峰和谷的个数较多，曲面的褶皱很明显，也就是该曲面不够光滑，容易产生突变，凹凸性不是很稳定。由于曲面上的这些突变点会形成不连续的点，且该曲面函数的一阶导数也会有一些不连续的点，因此采用最近邻插值法得到的拟合曲面不太理想，不能作为对实验数据处理的结果来分析双耳强度差 ILD 的 JND。

2. 三角基线性插值法

线性插值法已被广泛应用于计算机图形学、数学等诸多领域当中，它是一种较为简单的插值方法。假设在平面坐标系中有两个已知的坐标点 (x_0, y_0) 和 (x_1, y_1)，当需要求区间 $[x_0, x_1]$ 内的某个点 x 的值时，则只需要求解等式 $\dfrac{y - y_0}{y_1 - y_0} = \dfrac{x - x_0}{x_1 - x_0}$ 就可以得到 y 值。

如果等式 $\dfrac{y - y_0}{y_1 - y_0} = \dfrac{x - x_0}{x_1 - x_0}$ 两边的值为 α，则可将 α 称为插值系数，即 $\alpha = \dfrac{x - x_0}{x_1 - x_0}$ 或者 $\alpha = \dfrac{y - y_0}{y_1 - y_0}$，经过变换可得 $y = (1 - \alpha)y_0 + \alpha y_1$ 或者 $y = y_0 + \alpha(y_1 - y_0)$。当已知 α 的值时，则可以直接计算出 y 的值。

已知函数 $f(x)$ 的两个点的值，当要获取该函数 $f(x)$ 在其他点的值时，通常使用线性插值法求解，该方法所产生的误差定义为 $R_T = f(x) - p(x)$，$p(x)$ 线性插值多项 $p(x) = f(x_0) + \dfrac{f(x_1) - f(x_0)}{x_1 - x_0}(x - x_0)$。

根据罗尔定理，我们可以证明：如果函数 $f(x)$ 存在二阶连续导数，那么误差范围为 $|R_T| \leqslant \dfrac{(x_1 - x_0)^2}{8} \max\limits_{x_0 \leqslant x \leqslant x_1} |f''(x)|$。根据该不等式可知，$f''(x)$ 决定了线性插值多项式 $p(x)$ 与函数 $f(x)$ 之间误差的大小，误差会随着二阶导数 $f''(x)$ 的变大而变大。总的来说，函数的曲率越大，与简单线性插值函数的误差也就越大。下面是使用三角基线性插值法处理实验数据得到的拟合曲面。

由图 4.6 可以看出，由于节点值的变化，得到的拟合曲面的形状发生了变化，但曲面上峰和谷的个数没有因为节点值的变化产生相应的变化。同时，这个拟合曲面表现的不够光滑且具有突变性，上面的突变点会形成不连续点，它的一阶导数也不连续点。然而，该曲面要比用最近邻插值法得到的拟合曲面光滑一些且凹凸性也相对稳定。

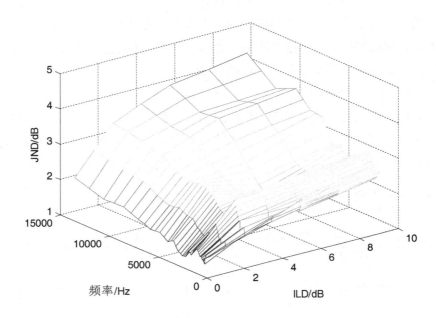

图 4.6 三角基线性插值法拟合的 JND－方位－频率三维全面

3. 三角基三次插值法

在数值分析中，样条插值是通过一种特殊的分段多项式进行插值，这种特殊多项式被称为样条，通过低阶多项式样条，可以实现较小的插值误差，因而样条插值比较流行[39]。

设在数据集 $\{x_i\}$ 中有 $n+1$ 个点，我们可以通过 n 段三次多项式，在数据点间构建三次样条，假设有函数 $f(x)$，其在 $[a,b]$ 区间上有 $n+1$ 个点，满足 $a = x_0 < x_1 < x_2 < \cdots < x_n = b$，且 $f(x_i) = y_i$，$(i = 1,2,3\cdots,n)$。把每个相邻的两点 (x_i, y_i) 和 (x_{i+1}, y_{i+1}) 连接，并作曲线函数 $S_n(x)$，$S_n(x)$ 必须满足以下条件：

（1）在 $[a,b]$ 上 $S_n(x)$ 有连续二阶导数。

（2）$S_n(x_i) = y_i$，$(i = 1,2,3\cdots,n)$。

（3）在每个子区间 (x_{i-1}, x_i) 上 $S_n(x)$ 是三次多项式 $S_i(x)$。

由于具有连续二阶导数，所以三次样条插值函数在曲线凸凹性变化较大的局部区域上，误差较小。利用三角基三次插值法得到如图 4.7 所示的拟合曲面。

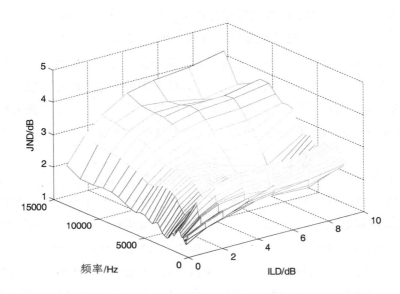

图 4.7 三角基三次插值法拟合的 JND－方位－频率三维全面

由上图 4.7 可知，曲面峰和谷个数并不会随节点值变化而变化，拟合的曲面无突变性，其凸凹性比较稳定，并且形成的曲面比较光滑，但其形状会随节点值而变化，与最近邻插值法和三角基线性插值法所得到的拟合曲面相比，三角基三次插值法拟合的双耳强度差 ILD 的感知特性 JND－方位－频率的三维曲面要光滑很多。

根据上面三种插值方法处理实验数据得到的拟合曲面可知，最近邻插值法、三角基线性插值法和三角基三次插值法得到的拟合曲面与被拟合曲面的形状都很相似，但前两种插值法拟合的曲面光滑程度不够，有突变点产生。由三角基三次插值法得到的三维拟合曲面很光滑，且与被拟合曲面之间的误差较小。因此，经过对比上述三个曲面图，三角基三次插值法能较好地处理实验数据得到拟合曲面，是一种较为优秀的插值拟合方法，本篇也采用了这种方法来对双耳强度差 ILD 的 JND 数据进行曲面拟合分析。

4.2.4 曲面拟合的结果分析

通过上一小节对三种主流插值法的对比可知，三角基三次插值法对实验数据处理的得到的双耳强度差 ILD 线索 JND 三维曲面与被拟合曲面之间的误差最小，因此选择该三维曲面对实验数据进行分析可以得到下面的一些结论：

（1）在方位上看，双耳强度差 ILD 的 JND 随着参考值 ILD 的变大而逐渐增大。当参考值 ILD 较大时，JND 变得很大。因为在方位参考值 ILD 越大时，声源越是靠近人耳的左右两侧，此时人耳听觉系统对声源的感知敏感度较差，而对处在人头部正前方的声源信号感知能力最强，可以非常准确的定位声源方位。总的来说，声源靠近人耳的左右两侧时，人耳对双耳强度差 ILD 的感知敏感度会逐渐降低。

（2）在频率上看，声源信号的频率处在 20Hz 到 1000Hz 内时，双耳强度差 ILD 的 JND 变化不是很明显，呈现出"船型"，先慢慢减小再逐渐缓慢增加，当大于 1000Hz 以后 JND 又慢慢减小，在频率高于 4000Hz 时，JND 逐渐增大，当频率超过 10000Hz 时，人耳很难判断声源方位，JND 会迅速激增。

（3）从整个三维曲面来看，在参考值 ILD 为 0dB 到 5dB 时，人耳听觉系统对频率处在 1500Hz 至 7000Hz 的声源信号的双耳强度差 ILD 的感知能力较好，能够很准确地辨别声源方位的变化，对其他方位参考值和频率下的声源定位较差，此时人耳感知声源方位的变化很困难。

4.3　双耳强度差感 ILD 的 JND 曲线的函数逼近

上一小节中，利用数值分析中的三角基插值法对实验数据进行了拟合处理分析，我们得到了双耳强度差 ILD 线索的 JND-方位-频率之间的三维曲面。但该曲面图还不能很好地表达双耳强度差 ILD 的 JND 与频率之间的关系，因此为了更加深入地探索研究双耳强度差 ILD 的 JND 与频率之间的关系，本节将使用曲线拟合分析实验数据来得到 JND 与频率之间的函数逼近关系。

4.3.1　函数逼近的基础知识

在实际的工程应用中，我们通常都需要构造一个函数来表示不同变量因素之间的关系，以便更加深入对这些变量因素之间的关系进行研究。然而，在绝大多数情况下，变量因素之间的函数关系相当复杂，根本就无法得到这样一个关系式，因此就可以采用数值分析中的函数逼近的方法处理已知的数据。所谓函数逼近就是指用比较简单且容易得到的一些函数来近似表示被求的目标函数。

数学定义函数逼近的描述如下：假设函数 $f(x)$ 是属于函数类 A 中的一个函数，函数 $p(x)$ 是属于函数类 B 中的一个函数，其中函数类 B 中的函数比函数类 A 中的函数计算容易且方便，因此我们要在函数类 B 中找出一个简单的函数 $p(x)$，使得 $p(x)$ 与 $f(x)$ 的差值在某种度量意义下最小。常用的度量标准有两种：一致逼近和平方逼近，一致逼近是以函数 $p(x)$ 与 $f(x)$ 的最大误差 $\max|f(x)-p(x)|$，$x \in [a,b]$，作为度量误差 $f(x)-p(x)$ 的"大小"的标准，即设 $\varepsilon > 0$ 是任意给定的一个小正数，如果存在函数 $p(x)$，使不等式 $\max\limits_{a \leq x \leq b}|f(x)-p(x)| < \varepsilon$，$x \in [a,b]$ 成立，则称该函数 $p(x)$ 在区间 $[a,b]$ 上一致逼近或均匀逼近于函数 $f(x)$。平方逼近则是使用 $\int_a^b [f(x)-p(x)]^2 \mathrm{d}x$ 来作为误差度量大小的标准。

函数逼近类有很多种选择，例如 n 次代数多项式，类似于 $\sum_{k=0}^{n} a_k x^k$ 这种函数形式；n 阶三角多项式，类似于 $a_0 + \sum_{k=1}^{n}(a_k \cos kx + b_k \sin kx)$ 这种形式，还有由代数多项式形成的有理分式，由正交函数通过线性组合形成的线性集等。

逼近类选定之后，逼近方法的选择也是多种多样的，像插值逼近法、线性算子法，非线性算子法。在线性算子法逼近中最常用的就是线性最小二乘逼近法。线性最小二乘法的数学表示如下：

设 $r_k(x)$ 已经确定好的一组函数，令 $f(x) = a_1 r_1(x) + a_2 r_2(x) + \cdots + a_m r_m(x)$，$a_k(k=1,2,\cdots,m,m<n)$ 是待定系数。采用最小二乘准则，最小二乘法的几何意义是使 n 个点 (x_i, y_i) 与对应点 $(x_i, f(x_i))$ 的距离 δ_i 的平方和最小。记

$$J(a_1, a_2, \cdots, a_m) = \sum_{i=1}^{n} \delta_i^2 = \sum_{i=1}^{n} [f(x_i - y_i)]^2 \qquad (4.1)$$

我们需要求得一组 $a_1, a_2, \cdots, a_m$，从而让 J 达到最小。根据极限存在的条件 $\dfrac{\partial_J}{\partial_{a_k}} = 0$（$k=1,2,\cdots,m$），可以得到关于 $a_1, a_2, \cdots, a_m$ 的线性方程组

$$\begin{cases} \sum_{i=1}^{n} r_1(x_i) \left[\sum_{k=1}^{m} a_k r_k(x_i) - y_i \right] = 0 \\ \cdots\cdots \\ \sum_{i=1}^{n} r_m(x_i) \left[\sum_{k=1}^{m} a_k r_k(x_i) - y_i \right] = 0 \end{cases} \qquad (4.2)$$

记 $R = \left\{ \begin{matrix} r_1(x_1) & \cdots & r_m(x_1) \\ \vdots & & \vdots \\ r_1(x_n) & \cdots & r_m(x_n) \end{matrix} \right\}_{n \times m}$，$A = (a_1, a_2, \cdots, a_m)^T$，$y = (y_1, y_2, \cdots, y_n)^T$，因此

方程组可表示为

$$R^T R A = R^T y \tag{4.3}$$

当 $\{r_1(x), \cdots, r_m(x)\}$ 线性无关时，R 是满秩矩阵，故 $R^T R$ 可逆，所以方程组有唯一解

$$A = (R^T R)^{-1} R^T y \tag{4.4}$$

本篇就是采用线性最小二乘法进行函数逼近的。

4.3.2 JND 函数逼近曲线

本篇使用最小二乘法对 4.1 节中表 4.1 的双耳强度差 JND 数据进行函数逼近，该逼近函数类型采用 6 次多项式来表示 JND 曲线，逼近函数的结果如下：

（1）当方位参考 ILD=0dB 时，感知特性 JND 的曲线函数表达式为

$$JND_0(n) = 3.7845 \times 10^{-7} n^6 - 3.5036 \times 10^{-5} n^5 + 1.2423 \times 10^{-3} n^4 - 2.0799 \times 10^{-2} n^3$$
$$+ 1.6542 \times 10^{-1} n^2 - 5.4651 \times 10^{-1} n + 2.0413 \tag{4.5}$$

均方根误差：

$$S(JND) = \left(\left(\sum_{n=1}^{24} (JND_0(n) - JND_n)^2 \right) \middle/ 24 \right)^{1/2} = 0.07799$$

其中，n 表示频带序号。图 4.8 为原始点与逼近函数的曲线关系图。

（2）当方位参考 ILD=2dB 时，感知特性 JND 的曲线函数表达式为

$$JND_2(n) = 5.5494 \times 10^{-7} n^6 - 5.0117 \times 10^{-5} n^5 + 1.7502 \times 10^{-3} n^4 - 2.9113 \times 10^{-2} n^3$$
$$+ 2.3006 \times 10^{-1} n^2 - 7.0062 \times 10^{-1} n + 2.6016 \tag{4.6}$$

均方根误差：

$$S(JND) = \left(\left(\sum_{n=1}^{24} (JND_2(n) - JND_n)^2 \right) \middle/ 24 \right)^{1/2} = 0.14249$$

其中，n 表示频带序号。图 4.9 为原始点与逼近函数的曲线关系图。

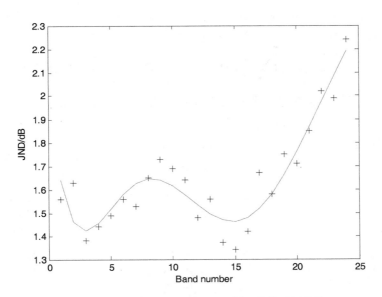

图 4.8 当方位 ILD=0dB 时的 JND 函数逼近曲线

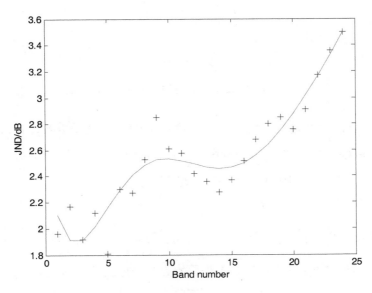

图 4.9 当方位 ILD=2dB 时的 JND 函数逼近曲线

（3）当方位参考 ILD=5dB 时，感知特性 JND 的曲线函数表达式为

$$JND_5(n) = -1.0208 \times 10^{-6} n^6 - 6.3011 \times 10^{-5} n^5 - 1.2669 \times 10^{-3} n^4 - 7.6539 \times 10^{-3} n^3$$

$$+ 2.9662\times10^{-2} n^2 - 3.3131\times10^{-1} n + 2.8484 \tag{4.7}$$

均方根误差：

$$S(JND) = \left(\left(\sum\nolimits_{n=1}^{24}(JND_5(n) - JND_n)^2\right)\Big/24\right)^{1/2} = 0.11268$$

其中，n 表示频带序号。图 4.10 为原始点与逼近函数的曲线关系图。

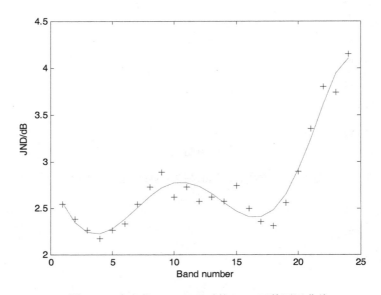

图 4.10 当方位 ILD=5dB 时的 JND 函数逼近曲线

（4）当方位参考 ILD=9dB 时，感知特性 JND 的曲线函数表达式为

$$JND_9(n) = 8.0143\times10^{-8} n^6 - 1.7999\times10^{-5} n^5 + 9.6057\times10^{-4} n^4 - 2.0452\times10^{-2} n^3$$
$$+ 1.8866\times10^{-1} n^2 - 0.648n + 3.2676 \tag{4.8}$$

均方根误差：

$$S(JND) = \left(\left(\sum\nolimits_{n=1}^{24}(JND_9(n) - JND_n)^2\right)\Big/24\right)^{1/2} = 0.14249$$

其中，n 表示频带序号。图 4.11 为原始点与逼近函数的曲线关系图。

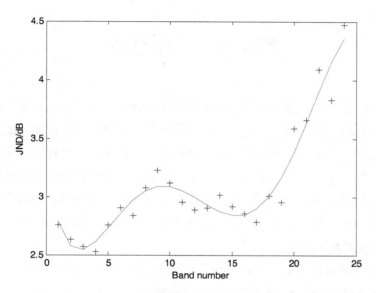

图 4.11　当方位 ILD=9dB 时的 JND 函数逼近曲线

第 5 章　工作总结

双耳时间差 ITD 线索、双耳强度差 ILD 线索和相关性 IC 线索是空间音频编码中非常重要的空间参数，包含了声源的方位信息，它们能够较准确地还原声源的空间声场。但本篇只对该空间参数中双耳强度差 ILD 线索进行了较深入的探索研究，而且在现有的实验成基础上设计了一个自适应的听音测试系统来测量双耳强度差 ILD 的感知特性 JND 值，并使用比较主流的数学方法对实验所得的数据进行了统计和分析，生成了双耳强度差 ILD 线索与方位和频率之间的三维曲面。以下是本篇主要的研究工作：

（1）对当前测试实验的不足设计了自适应的听音测试系统。当前已有的测试方法在进行 JND 逼近时，测试步长的改变控制算法不够精细，最后得出的 JND 值与真实 JND 值相差有些偏大。本篇在步长的改变算法以及参数的设置上进行了改进，使得出来的 JND 值更靠近真实的 JND 值。

（2）在多方位全频带范围内测量双耳强度差 ILD 的恰可感知阈值。根据目前有关双耳强度差 ILD 的感知特性的研究成果可知，大多数学者测量的 ILD 的 JND 数据是在声源位于人头部正前方的位置上所得到的，而且也只选择了少数几个频带进行实验，JND 数据不够详细。为了更深入地研究人耳听觉系统对声源的感知能力，本篇改进和完善了以前实验中的不足之处，在不同方位下的全面带范围内测量 JND，得到了比较详细的曲面实验数据。

（3）对实验中双耳强度差 ILD 线索的 JND 数据进行了曲面拟合。由于本篇是在不同方位下的全频带范围内测量双耳强度差 ILD 线索的 JND 值，实验测得的数据量较大，需要对这些数据进行较为深入的总结分析，因此采用了数值分析中的样条插值法来处理 JND 数据，生成了 JND－方位－频率的三维曲面，最后根据该曲面分析了 JND 与方位和频率的关系。

（4）获取不同方位下的 JND 与频率的关系式。为了较直观地表达双耳强度差 ILD 线索的 JND 与频率之间的关系，本篇使用数学中的最小二乘法对每个方位下的 JND 数据进行函数逼近，生成了不同方位下 ILD 的 JND 随频率变化的关系曲线，并且用简单函数表示了 JND 与频率的关系。

参考文献

[1]   J.W. Strutt. The theory of sound[M]. New York: Dover Publications, 1877.

[2]   A.W.Mills. Lateralization of high-Frequency tones[J]. J. Acoust. Soc. Am. 1960, 32(1): 132-134.

[3]   R.M.Hershkowitz and N.I.Durlach. Interaural Time and Amplitude JNDs for a 500-Hz Tone[J]. J. Acoust.Soc. Am. 1969. 46(6): 1464-1465.

[4]   R.H.Domnitz and H.S.Colburn. Lateral Position and Interaural Discrimination[J]. J. Acoust.Soc. Am. 1977, 61(6): 1586-1977.

[5]   D.W.Grantham. Interaural intensity discrimination: Insensitivity at 1000 Hz[J]. J. Acoust. Soc.Am. 1984, 75(4): 1191-1194.

[6]   W. A.Yost and R.H.Dye. Discrimation of Interaural Differences of Level as a Function of Frequency[J]. J. Acoust. Soc. Am.1988.83(5): 1846-1851.

[7]   Kaigham J.G. Frequency dependence of binaural performance in listeners[J]. J. Acoust. Soc.Am. 1992, 91(1): 336-347.

[8]   T.Francart and J.Wouters. Perception of Across-Frequency Interaural Level Difference[J]. J.Acoust.Soc. Am, 2007, 122(5): 2826-2831.

[9]   Leslie R.B. and Constantine T. Lateralization Produced by Interaural Intensitive Disparities Appears to Be Larger for High-vs Low-Frequency Stimuli[J]. J. Acoust.Soc. Am, 2011, 129(1):15-20.

[10]   梁之安，林华英，杨琼华. 声源定位与声源位置辨别阈[J]. 声学学报，1966（01）：27-33.

[11]   梁之安，杨琼华，林华英. 正常人的调频感受阈[J]. 生理学报，1981（01）：57-65.

[12]   Chen Shuixian, Hu Ruimin. Frequency Dependence of Spatial Cues and Its Implication in Spatial Stereo Coding[A], in International Conference on Computer Science and Software Engineering[C]. Wuhan:2008: 1066-1069.

[13] 吴家安．现代语音编码技术[M]．北京：科学出版社，2008.

[14] 朱丽，郭从良．心理声学模型在数字音频中的应用[J]．电声技术，2002（8）：11-14.

[15] 吴德文．可听化算法与应用研究[D]．中国科学技术大学，2007.

[16] 李宣鹏．基于空间感知信息的立体声编码[D]．东南大学，2006.

[17] 谢军．汽车品质评价技术及方法研究[D]．吉林大学，2009.

[18] 谢志文，尹俊勋，饶丹．空间掩蔽效应的实验研究[J]．声学学报，2006（4）：363-369.

[19] 金晶，谢志文．声源空间分离对向前时域掩蔽阈值的影响[J]．电声技术，2005（07）：35-40.

[20] 陈小平，胡泽．听觉临界频带及其在声频信号处理中的应用[J]．北京广播学院学报，2004，11（2）：28-35.

[21] 张灵．可分级音频编码中增强层感知模型的研究和算法实现[D]．武汉大学，2009.

[22] 孙新建，邹霞，曹铁勇，等．基于加权巴克谱失真的语音质量客观评价算法[J]．数据采集与处理，2006（3）：302-306.

[23] 冯传岗．声频心理学特性的码率压缩在数字音响中的应用[D]．音响技术，2005（4）：34-58.

[24] David Jiang．心理声学测试方法和听力学[J]．中国听力语言康复科学杂志，2005（4）：52-54.

[25] J.Breebart and F.C. Spatial audio processing: MPEG surround And other applications[M]. London: The British Library, 2007.

[26] 严立中．现代声像技术[M]．北京：电子工业出版社，2009.

[27] David W.arnett. Spatial and temporal integration properties of units in first optic ganglion of dipterans[J]. Journal of Neurophysiology, AJP-JN Physiol July 1, 1972, 35: 4429-444.

[28] J. Breebaart, S. van de Par,A. Kohlransch and E. Schnijers. Parametric Coding of Stereo audio[J]. EURASIP Journal on Applied Signal Processing, 2005(9): 1305-1322.

[29] 徐珊．基于人耳听觉系统的变换域音频水印算法研究[D]．南京理工大学，

2008.

[30] Plenge.G. On the differences between localization and lateralization[J]. The Journal of the Acoustical Society of America, 1974, 56(3): 944-951.

[31] Yost W.A. Lateral position of sinusoids presented with interaural intensive and temporal differences[J]. J. Acoust. Soc. Am, 1981 (70): 397-409.

[32] Grantham D.W. Interaural intensity discrimination: Insensitivity at 1000 Hz[J]. J. Acoust. Soc. Am, 1984, 75(4): 1191-1194.

[33] Levitt, H.C.C.H. Transformed Up-Down Methods in Psychoacoustics[J]. Journal of the Acoustical Society of America, 1970, 49(2): 467-477.

[34] 高维忠. 扩声系统中几种信号处理设备的应用探讨[J]. 电声技术, 2008（S1）: 60-66.

[35] 李建通, 杨维生, 郭林, 等. 提高最优插值法测量区域降水量精度的探讨[J]. 大气科学, 2000, 24（2）: 263-270.

[36] 陈良, 高成敏. 快速离散化双线性插值算法[J]. 计算机工程与设计, 2007, 28（15）: 3787-3790.

[37] 李少华, 刘远刚, 王延忠. 泰森多边形在地质数据去丛聚中的应用[J]. 物探与化探, 2011, 35（4）: 562-564.

[38] 江雯, 陈更生, 杨帆, 等. 基于 Sobel 算子的自适应图像缩放算法[J]. 计算机工程, 2010, 36（7）: 214-216.

[39] 陈娴. 三次三角 Bézier 样条插值[J]. 佳木斯大学学报, 2009, 27（3）: 3787-3790.

第二篇

双耳时间差和强度差在声源定位效果上的感知测试与研究

本篇摘要

随着计算机技术的不断进步和人们对生活质量要求的不断提高，消费者已经越来越重视三维技术在音视频中的应用，这也推动了音频技术的迅速发展。但音频信号中声道数的增加直接带来了数据量增大的难题，这就对存储容量以及传输带宽造成了巨大压力。因此，只有对这些多声道数字音频信号进行高效的编码，才能使用更少的码率来传输所需的数据。

为了对多声道信号进行高效压缩，可以使用一种基于双耳线索的空间音频编码技术来对原始信号进行处理，从而得到下混的单声道信号及其双耳线索信息。其中，下混的单声道信号是多个声源信号的基本信息，而双耳线索主要包括双耳时间差 ITD、双耳强度差 ILD 以及相关系数 IC，它们表示声源的方位信息，故能独立编码成边信号。在接收端获得传输的数据流后，解码器就会根据下混的单声道信号和边信号还原出原始的多声道信号。由于边信号在传输时，其数据量远小于单个音频信号的信息量，因此，依据双耳线索来对音频信号进行空间音频编码压缩可以在保证音频质量不变的前提下，降低数字音频的存储空间和传输宽带所需的资源。

但是，人的听觉系统对双耳线索 ITD 和 ILD 的感知是有限的，只有测得了这些感知临界值，才能对边信息进行高效的量化和编码。目前为止，许多学者已经在多个方位和频率上测量了双耳线索的恰可感知差异值，但这些研究都是对 ITD 或 ILD 某一个线索进行的单独测试。而现实中，定位声源信息的双耳线索 ITD 及 ILD 是会同时存在的，因此仅仅只对一个线索进行测试是很难分析出 ITD 和 ILD 同时在感知声源位置时的影响。本篇将先对两个双耳线索的感知特性进行测试，再对测试结果进行分析，从而得到它们同时在声源定位效果上的影响。因此，本篇的主要工作包括：

（1）基于心理测试法，修改之前实验所使用的测听软件，使得改进后的系统能同时使用两个双耳线索进行恰可感知差异值的测试。

（2）让测试人员在多个方位和频率上，对两个线索参数的恰可感知差异值进行测量，并记录每次判断结果，从而得到它们的完整数据。然后，通过这一全面数据得出两个双耳线索同时在声源定位感知效果上的影响。

（3）对两个双耳线索所测得的恰可感知差异值和之前实验由单个线索所得到的阈值进行比较，从而分析单一的某个线索和两个双耳线索 ITD、ILD 同时在 JND 这一感知特性上存在的异同。

（4）在更多频率和方位上，对所测得的恰可感知差异值 JND 进行插值，得到更为精确的双耳时间差 ITDs 的 JND—方位—频率这一三维曲面图形，从而得出 JND 值与频率以及方位之间存在的关系。

关键词：双耳时间差；双耳强度差；双耳线索；恰可感知差异值；空间音频编码

第 1 章　绪论

1.1　研究背景及意义

　　近年来，三维（Three-Dimensional，3D）视频技术的飞速发展使得越来越多具有三维视觉效果的设备涌入了市场。但三维音频技术的发展却较为缓慢，很多音频设备还停留在多声道技术上，虽然这些产品能让人耳感知到音源的位置及环绕的效果，但它仅仅局限于某个水平面上，无法展示在这个水平面之外的上方和下方传来的音源，因此这种音频技术产生的效果只能称作二维（Two-Dimensional，2D）声场。所以，观众在家庭和大部分电影院中体验到的都是"3D 视频+2D音频"效果，而要想达到身临其境的空间视听感受，就必须要让 3D 音频效果与现有 3D 视频内容同步，这就使得 3D 音频技术成为了多媒体领域重要的研究方向。

　　相对于传统立体声或环绕声技术，3D 音频技术虽然提供了更好的沉浸感和空间方位感，但相应地，信号的数据量也会急剧的增加，这就给传输信道及储存容量带来了巨大的压力。通过传统音频编码技术对多声道信号进行压缩时，一般都是基于听阈和掩蔽效应来对每个声道进行处理再进行独立编码，但最后得到的数据量是会因为声道数的增加而成倍增长的。因此，使用传统的音频编码技术对多声道数字音频信号进行压缩，会显得效率低下——存储时需要较大的空间，不利于在有限的带宽中进行传输，而且随着日后新应用的出现，信源的码率可能会变得更高。如何在声音效果不断提高，数据量不断增大，而传输带宽有限的情况下，对原始的音频信号进行有效的压缩是 3D 音频技术中需要解决的一个关键性问题。

　　空间音频编码通过下混技术将多个声道的音频信号合为单声道信号，再通过传统的编码技术对单声道信号进行压缩。与此同时，各个信道中表示声源位置的空间参数信息会被提取，并且被单独编码成边信息进行传输。解码器收到传输的数据流后，会通过上混技术将单声道信号和边信息还原成原始的多声道信号。由于音频的各个信号之间存在着数据的冗余，去掉这些信息后会大大降低传输的数据量。而且，边信息中包含了双耳时间差、强度差和相关系数这些空间中进行声源定位的重要参数，使还原出来的信息不会影响原有的音频质量。但是，基于空间信息的编码器都只是根据边信息中双耳时间差或双耳强度差的恰可感知差异值，进行单独的量化和编码。而现实生活中，ITD 和 ILD 这两个用于声源定位的线索参数是会同时存在的，因此，如果能对两个双耳线索的恰可感知差异值一起进行测试，并找到两者同时在感知声源位置时的影响以及它们和频率、方位之间的关系，就可以为边信息提供更高效的有损压缩。

本篇通过恰可感知差异值来对两个线索参数（双耳强度差 ILD 和双耳时间差 ITD）的感知特性进行测试，基于自主改进的测听系统，让受试人员在实验一中通过测试值 ITDv 来对双耳强度差的阈值进行测试，并在实验二中将 ILDv 作为测试值来对双耳时间差的恰可感知差异值进行测听。通过分析测得的实验数据得到双耳时间差与双耳强度差同时在感知声源位置时的影响，并得出双耳线索在感知特性上与频率和方位之间存在的关系，以此为更为深入的空间音频编码研究提供理论基础。

1.2　国内外研究现状

双耳强度差和双耳时间差是三维空间中水平方向上两个用于声源定位的线索参数。当声音产生以后，人的双耳之所以能够感知到声音所在的位置和方向，是因为声波到达两耳所经过的路程不一样导致了所需的时间不同，或是由于人的头部对声音信号的遮掩作用产生了强度上的差异，这使得信号到达离声源更近的耳朵，所需的时间更短或者产生的声压级更大。而正是这种微小的时间差或强度差，使得大脑能够对空间的声源进行准确的定位。但当声源移动时，人耳不一定能察觉到音源在位置上的改变，这是因为双耳的感知存在着一定的局限性，只有当双耳线索 ITD 或 ILD 的值达到或超过一定的阈值时，人耳才会感受到声源在方位上的变化，而这个感知阈值也被称为恰可感知差异。因此，JND 是感知测试的重要组成部分，其值越大，说明声源移动时，听觉系统就越难感知到音源在空间中的变化情况。

多年以来，许多学者已经通过各种实验来对 ITD 或 ILD 的 JND 进行了测试与分析，发现影响双耳线索参数 JND 值的因素有很多，比如声源信号的类型、信号的频率、声源的方位以及噪声等。

1956 年，Eady 和 Klumpp 让 10 名测试者在三个不同的声源信号上进行双耳时间差的恰可感知差异值实验[1]。结果显示，频率为 150～1700Hz 的窄带噪声信号、1ms 滴答声以及 1kHz 纯音信号的 ITD 的 JND 的范围分别为 5～18μs、7～23μs 和 19～46μs，平均值分别为 9μs、11μs 和 28μs。

1960 年，Mills 在多个不同的声音频率上对双耳强度差的恰可感知差异值进行了测试[2]。实验结果表明，当声音频率为 1000Hz 时，ILD 的 JND 值大约为 1dB；频率小于 1000Hz 时，JND 的值微微低于 1dB；频率大于 1000Hz 时，JND 的值大约为 0.5dB。

1972 年，Yost 让测试人员识别两个正弦音频信号，一个信号的时间差为 θ，另一信号为时间差更长的（$\theta+\Delta\theta$），正弦信号的频率范围为 250～4000Hz[3]。结果显示，恰可感知差异值随着 θ 由 0°增加到半波长而增大，但当 θ 由半波长增加到全波长时，其值却在减小。当频率小于 2000Hz 时，对中间位置声源的识别要比两边更加敏感，而当频率大于 2000Hz 时，时间差无法改变音源在水平方向的位置。

1988 年，Yost 和 Dye 将参考音 ILD 的值分别设置为 0dB、9dB 和 15dB（即声源分别位于正中间、偏左 45°以及左耳的方向），并对这三个不同的方位进行双耳强度差的恰可感知差异值测试[4]。通过曲线图可知：当参考音的 ILD 值为 0dB 时，JND 在声音频率为 200Hz、500Hz、1000Hz、2000Hz、5000Hz 的值分别为 0.75dB、0.85dB、1.20dB、0.70dB、0.73dB，且当声源从中间方向往左耳移动时（ILD 的值从 0dB 增加到 15dB），JND 值是在逐渐增大的。

1998 年，Mossop 将高斯噪声作为音频信号，在两个实验中测试受试者的听觉能力，并使用不同的 ITD 值来改变参考音中声源的位置[5]。实验一中，当参考音的 ITD 值在 0～700μs 之间时，JND 值是逐渐增加的，而在 1000～3000μs 的范围中，JND 值则会急剧增加。实验二中，ITD 的值及测试频率被设置为 10000μs 和 0～3000Hz，在频率为 500Hz，ITD 为 10000μs 或 ITD 至少为 3000μs 的高频带上，听觉的敏感度是最高的。

2001 年，Bernstein 和 Trahiotis 将时长不同的探测音与背景噪声混合来进行恰可感知值的实验[6]。他们测得，当混合音中的探测音和背景噪声的时长相同时，ITD 和 ILD 的 JND 值分别为 32μs 和 2dB。另外，当探测音的时长在混合音中的比例增加时，JND 的值在整体上有下降的趋势。

2007 年，Francart 和 Wouters 使用双耳频率不一致的音频信号对 12 名测试者进行实验[7]。受试者的一只耳朵会听到中心频率为 250Hz、500Hz、1000Hz 或 4000Hz 的音频信号，另一只耳朵则听到分别进行了 0、1/6、1/3 或 1 倍频转换的声音信号。结果显示，当两耳听到的信号无关且没有进行倍频转换时，ILD 的 JND 的值在 4 个中心频率上分别为 2.6dB、2.6dB、2.5dB 和 1.4dB。而当另一个波形分别进行 1/6、1/3 或 1 倍频转换时，JND 的值平均增加了 0.5dB、0.9dB、1.5dB。

2013 年，Corey 和 Goupell 对受试者的双耳使用两个频率不同的音频信号进行 ITD 和 ILD 的 JND 的测试[8]，结果表明双耳线索的 JND 值随着频带宽度的降低和双耳之间频率差的升高而增加。

国内的梁之安教授从 20 世纪就开始对听觉的感知特性进行研究[9]，梁教授测得当声源位于人的正前方时，双耳强度差感知阈值的平均值为 0.7dB。2008 年，陈水仙教授在频率为 20~15500Hz 的范围上进行频率与感知阈值关系的测试[10]，陈教授根据 24 个 Bark 值将声波分为 24 个不同的正弦信号，并把双耳线索 ITD 和 ILD 都设置为 0。从测试的结果中，陈教授发现频率处于 200~3700Hz 的范围时，JND 的值会随着频率的增加而逐渐降低，而频率在范围外的两边移动时，JND 值会慢慢增大。虽然陈教授在全频带范围上对 ILD 的 JND 值进行了测试，但没有在多个方位上对它们进行全面的测量。2014 年，胡瑞敏教授在临界频带的前 12 个 Bark 和 7 个离散的位置上对双耳时间差的恰可感知差异值进行了全方位的测试[11]，结果表明：ITD 的 JND 值在 500 Hz 时最小，并且随参考音中 ITD 的增大，其 JND 值不断增加。

综上所述，这些学者已经针对各种不同的影响因素来对双耳强度差以及双耳时间差的恰可感知差异值进行了测量，并取得了一定的结果。但是，每个学者所使用到的测试方法、标准、人员以及环境是存在着差别的，这样就会影响到结果上的差异。除此之外，这些实验都是将两个双耳线索分开后单独进行的恰可感知差异值测试。而现实中，人的双耳系统一般是同时根据 ITD 以及 ILD 来定位出声源所在的位置，并且，由之前研究人员的结论可以看出，在同一方位上，由于频率的影响，ILD 和 ITD 的 JND 值各自在同一条测试频段上的变化趋势是不同的。

因此，只是单一对某个线索的恰可感知差异值进行测试，是很难评价以及分析两个双耳线索同时在声源定位感知效果上的影响。

2003 年，Christof 和 Frank 提到过双耳线索 ITD 和 ILD 在声源定位上可能存在着某种联系[12]，但并没有通过实验数据进行证明。本篇对先前的测试方法和实验结果进行了总结，改进了一种有效的测听系统，该系统基于强迫性二选一（two alternative forced-choice，2AFC）和 2 down/1 up 的心理测试方法，并根据相同的实验步骤来让测试人员在同一频率带上进行两个实验：实验一通过测试音中的值 ITDv 来测量参考音在不同方位的 JND 值，而参考音方位的改变是通过修改其本身的值 ILDs 来实现的。实验二则使用测试音中的值 ILDv 来测量参考音在各个方位的恰可感知值，其参考音的方位则是修改其 ITDs 的值而实现的。然后，通过分析两个实验所得出的数据，来探讨双耳线索 ILD 和 ITD 同时在感知声源位置时的影响，并比较它们与单一某个线索在 JND 这一感知特性上存在的异同。最后，在更多方位和频率上进行插值，得到一个更为详细的 JND－方位－频率的三维图形，从而得出 JND 值与频率以及方位之间存在的关系。

1.3　本篇研究内容

由于声源移动时，双耳系统对音源的感知会存在一个感知阈值，即恰可感知差异值，因此本篇将基于双耳线索上这一阈值的测量，来分析双耳强度差 ILD 和双耳时间差 ITD 同时在感知声源位置时的影响，以及它们的恰可感知差异值 JND 与多个方位和不同频率之间存在的关系。

本篇的研究主要有以下四个部分：

（1）改进系统从而得到一个双耳强度差和时间差感知特性的测听软件。本实验先改进了一个基于 Windows 系统的测听软件，使得改进后的测听系统能够调用两个双耳线索来分别改变两个正弦信号中的参数，从而得到测试时所需的参考音和测试音。这样，能同时在每一次的测试中测得 ITD 和 ILD 在某个频率和方位上相对应的恰可感知差异值 JND。

（2）对两个线索参数的感知特性同时进行测量，并得到可靠和全面的数据。本实验开始前，会先选取合格的测试人员，然后让他们在几个典型的方位和频率上进行恰可感知差异值的测听。实验中，先使用 ITDv 作为测试值测量双耳强度差 ILD 的 JND，再用 ILDv 作为测试值测量双耳时间差 ITD 的感知阈值，从而得到两个线索参数在感知声源位置时的恰可感知差异值这一全面的数据。

（3）对双耳线索的恰可感知差异值的数据进行分析和比较。通过对（2）中得到的实验数据进行分析，得出两个双耳线索同时在声源定位感知效果上的影响，然后再比较它们与单个双耳线索 ILD 或 ITD 在恰可感知差异值 JND 上存在的异同。

（4）对测得的双耳时间差 ITD 的 JND 值在更多的方位和频率上进行插值。根据（3）中得到的结论，使用实验二中（双耳时间差 ITD 为参考音，双耳强度差 ILD 为测试音时）的 JND 数据，在更多的频率和方位上进行插值，得到双耳时间差 ITDs 的 JND－方位－频率这一三维曲面图形，从而得出 JND 值与频率以及方位之间存在的关系。

1.4　本篇各章节安排

本篇主要分为五个章节，每章节的内容如下：

第一章为绪论部分，阐述了本篇的研究背景和意义、国内外的研究现状和主要的研究内容。

第二章先对心理学模型和空间音频编码的基础知识作了一个详细的介绍，主要包括传统和空间的心理声学模型、双耳线索的空间定位、恰可感知差异值以及空间音频编码。

第三章介绍了实验前对于设备和测试人员的选择以及如何改进已有的测听系统。实验时，怎样生成测试所需的音频信号并通过详细的测试步骤来说明实验的原理和操作，从而测得双耳强度差 ILD 和双耳时间差 ITD 在多个方位和不同频率上所对应的恰可感知差异值。

第四章对第三章得到的恰可感知差异值 JND 进行分析，首先根据测得的数据，使用 Excel 生成两张二维曲线图，并得出双耳时间差和强度差同时在感知声源位置时的影响。然后，比较两个双耳线索与单个双耳线索 ILD 或 ITD 在 JND 这一感知特性上存在的异同。最后，使用线性插值法对分析后的数据进行插值拟合，得到双耳时间差 ITDs 的 JND 在更多方位和频率上的值，以用于研究 ITDs 的 JND 与方位和频率之间的关系。

第五章对本篇研究内容进行总结，得出测试中出现的缺点以及不足之处，为今后进一步的研究确立方向。

第 2 章　空间音频编码技术和感知特性

2.1　引言

　　音频信号是一种模拟的连续信号，需要通过采样、量化以及编码来对其进行数字化后，才能被计算机存储和处理。数字音频质量的高低主要依据两个参数：采样的频率和量化的位数。每次采集样本的个数越高，量化所用的位数越多，其还原为模拟信号时的声音效果就越好。但这样也会造成数据量的增大，从而对信息的存储以及传输带来了较大的压力。为此，可以通过音频编码的方式来对音频信号进行压缩，在保证音频质量的前提下，尽可能以更少的数据量来对数字音频进行表达和传送。音频编码可以根据压缩前后信号质量的不同，分为无损压缩和有损压缩。无损压缩指音频信号在压缩后，其原本的音频质量不发生改变，计算机解码后所得到的数据和采样出来的数据是一样的，不存在任何的信息丢失，前后产生的声音效果也是完全相同的。但大多时候，由于存储容量和传输带宽是有限的，则需要对数据进行更高效的压缩，而只有有损压缩才能做到这一点。有损编码是基于人的感知特性，运用心理声学模型除去音频信号中可以忽略的成分，只对有用的部分进行编排，从而降低传输的数据量。虽然有损压缩重建出来的音频信号与编码之前的数字音频存在着差异，但这种差异并不影响人耳对声音效果的感知，因此它能在保证质量的前提下实现高效压缩。下面将对心理声学模型、空间音频编码技术和感知特性的基础知识进行详细的介绍。

2.2　心理声学基础

　　由于声音的识别不只是双耳对声波的接收，它也是一个感知的过程。换句话说，当声波通过空气到达双耳以后，需要在内耳中转变成中枢神经信号，这些神经信号在转移到大脑中的听觉中枢后，才可以引起人的听觉感受。因此，在诸如数字音频处理的声学问题上，不仅仅要注意声音的传播环境，更要考虑到涉及听觉感受的双耳以及大脑。

心理声学（Psychoacoustics）研究的本质就是声音的感知，比如双耳是如何听到声音，听到之后心理是怎样反应的以及产生的心理活动是如何影响人的神经系统[13]。而人的听觉主观感受主要包括声音三要素、掩蔽效应以及空间定位特性。因此，科学家们根据听觉主观感受将心理声学模型的发展分为了两个阶段：第一个阶段是传统心理声学模型；第二个则是用于多声道音频编码中的空间心理声学模型。

基于传统心理声学模型的编码主要是依据声音三要素中的听阈和掩蔽效应来去掉冗余数据，从而达到压缩的目的[14]。首先听阈电平存在于人耳的听觉系统中，当声音信号低于该电平时，就变得不可听，因此可以将不可闻的信号去掉，避免对其进行编码，这样也不会影响到解码后，人耳对重建音频的听觉感受。而听觉的掩蔽效应是指，当信号中存在强弱不同的几个音时，强声中的弱声难以被听见，因此只需保留双耳可感知到的强声，就可实现音频的高效压缩。

2.2.1 听阈和痛阈

通常情况，一个听力正常的年轻人能够感知到频率范围为 20Hz～20kHz 的音频信号，而对于那些低于 20Hz 的次声波或高于 20kHz 的超声波一般是听不到的。除此之外，只有当该频率范围内振动的音频信号达到了一定的声压时，才会被人的耳蜗所感受到，从而引起大脑的听觉事件。在一个无噪声的安静环境下，每个频率上刚刚能引起听觉事件的最小声压，称之为听阈[15]。听阈值随着频率变化而改变，因此它是信号频率的函数，其计算表达式如下：

$$T(f) = 3.64(f/1000)^{-0.8} - 6.5e^{-0.6(f/1000-3.3)} + 10^{-3}(f/1000)^4 \qquad (2.1)$$

其中，f 表示声音信号的频率，听阈值的单位为 dB。

听觉系统在不同频率上的听阈是不一样的，就某个频率而言，当声音信号的声压级超过听阈值并不断增加时，听觉的敏感度会随之上升，即双耳会越来越容易感知到这个声音。但当声音的声压级增加到某个门限值以后，就会开始引起耳膜的疼痛，而这个门限值被称为痛阈或最大的可听阈[16]。由于听阈和痛阈随频率的不同而呈非线性增长，研究人员在对各个频率上的阈值进行测量后，得到了频率与听阈、痛阈之间的曲线图如图 2.1 所示。

在图 2.1 中，横坐标为 20Hz～20kHz，纵坐标表示各频率上对应的声压级大小。最下面的曲线是由不同频率上听阈所连接而成，最上面的红色曲线为痛阈，而两线之间的区域表示双耳可感知到的范围。听阈值反映了听觉系统的敏感程度，当某个频率的听阈提高了，就表示该频率下的听觉敏感度降低了。从图 2.1 中可以看出双耳对频率范围为 2kHz～5kHz 音频信号较为敏感，在声压级很小时就能听到，但会随着频率向两端移动而降低。因此，在对音频信号进行编码时，可以先保留可听频率范围内的声音信号，再根据听阈把低于该电平的音频信号去掉，从而实现信号的压缩。

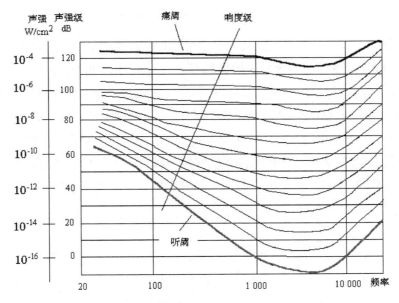

图 2.1　听阈值和痛阈值与频率之间的曲线图

2.2.2　声音的掩蔽效应

当一种响度较强的声音影响到双耳对另一个较弱的音频信号的感知时，则被称为声音的掩蔽效应（auditory masking）[17]。前一个声音被称为掩蔽声音，后一个则叫作被遮掩声音。频率及时间都会影响掩蔽效应，当两个频率较为接近的声音同时出现并发生掩蔽效应时，称为频域掩蔽或同时掩蔽[18]，如图 2.2 所示。

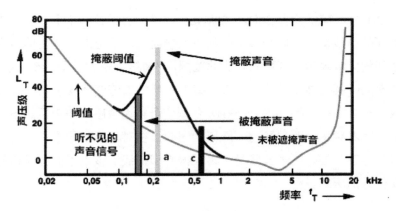

图 2.2　声音的频域掩蔽曲线图

　　图 2.2 中存在三个频率不同的声音信号 a、b 和 c，其中信号 a 的频率为 300 Hz，声压级为 60 dB。a 所产生的掩蔽阈值遮掩了左边 40 dB/170 Hz 的信号 b，因此听不到声音信号 b，但却能感知到音频信号 c，这是因为 c 的声压级超过了信号 a 在该频率上的遮掩阈值。如果想让信号 c 也听不见，只需要把 c 降到该频率的掩蔽阈值 10 dB 以下即可。因此，由图 2.2 可知掩蔽声的声压级越大，遮掩阈值的范围就越宽，并且当弱纯音离声压级大的掩蔽声越近时，就越容易被其遮掩[19]。

　　如果两个频率较为接近的声音不是同时出现却发生了掩蔽效应，则称为时域掩蔽[20]，如图 2.3 所示。

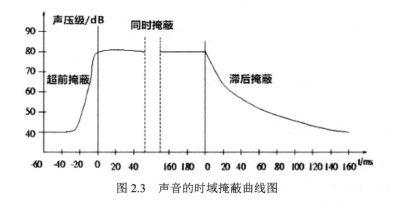

图 2.3　声音的时域掩蔽曲线图

　　在图 2.3 中，当某个强声信号出现之前，即-60～0ms 这段时间内已经发生了掩蔽效应，则称作超前掩蔽。而当掩蔽信号消除后，掩蔽效应不会立即消失，如 0～160ms，听阈还需要一段时间恢复到没有掩蔽声时的值，则称为滞后掩蔽。之所以产生时域掩蔽是因为大脑需要一段很短的时间来对信息进行处理，因此它会随着时间流逝而快速衰减，是一种比较弱的掩蔽效应。

2.2.3　临界频带

由于掩蔽阈值与信号的频率并不是呈线性关系，因此科学家们为了从人的听觉感知上来统一度量信号的频率，而采用了感知编码中的另一基础理论——临界频带[21]，来探讨掩蔽阈值。

因为人耳的基膜振动后，会被耳中细胞所感知到，再由脉冲的形式将音频信号传输到大脑，而对于信号中的不同频率，大脑所产生的敏感度是不一样的。在低频的区域中，即使信号只有几赫兹的差异，细胞也能够分辨出来。但在高频范围里，这种差异要达到几百赫兹后才能被识别。由此可知，当在某个频率点为中心的频段范围内，人耳对声音信号所感知到的听觉效果是相同的，即某一特定频段范围内的声音信号所产生的掩蔽阈值及其他的声学特性是相同的，而这些特定的频带就被称为临界频带。

当双耳接收到声音信号后，会以临界频带为基准，对该信号进行类似多通带滤波的处理，从而将它分成若干个连续的频段。如果被遮掩信号的频率处于遮掩信号的临界频带范围之内，则产生明显的掩蔽效果[22]。若被遮掩信号和遮掩信号处在不同的频带，掩蔽效应也会发生，但会随着两者之间频率差的扩大，而慢慢降低。临界频带与频率之间的关系如下[23]：

$$CB = 25 + 75(1 + 1.4f^2)^{0.69} \tag{2.2}$$

其中，f 表示临界频带的中心频率，单位是 kHz，CB 是临界频带的宽度。

除此之外，Bark（巴克）也可以被用于表示声音频率的感知单位，一个临界频带就有 1 Bark 的宽度，Bark 和频率之间的关系如下[24]：

$$Bark = 13 \arctan(0.76f) + 3.5 \arctan(f/7.5)^2 \tag{2.3}$$

根据公式 2.3，将 20Hz～16kHz 的可听范围划分为 24 个临界频带所对应的 Bark，其频带的划分见表 2.1。

从表 2.1 可知，低频区域的频带宽度只有 100～200Hz，而在高于 5000Hz 以后的临界频带中，其宽度在 1000Hz 以上。因此，相比于高频区域，临界频带在低频的区域中更窄，这也证明了之前的理论。然后，根据划分出来临界频带为基准依次可得到频带掩蔽曲线图如图 2.4 所示。

表 2.1　24 个临界频带的划分

序号	中心频率（Hz）	带宽（Hz）	序号	中心频率（Hz）	带宽（Hz）
1	50	0～100	13	1850	1720～2000
2	150	100～200	14	2150	2000～2320
3	250	200～300	15	2500	2320～2700
4	350	300～400	16	2900	2700～3150
5	450	400～510	17	3400	3150～3700
6	570	510～630	18	4000	3700～4400
7	700	630～770	19	4800	4400～5300
8	840	770～920	20	5800	5300～6400
9	1000	920～1080	21	7000	6400～7700
10	1170	1080～1270	22	8500	7700～9500
11	1370	1270～1480	23	10500	9500～12000
12	1600	1480～1720	24	13500	12000～15500

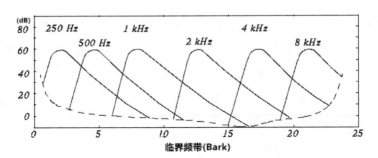

图 2.4　基于临界频带的掩蔽曲线图

从图 2.4 中可以看出，当响度比较大时，低频的音频信号会有效地掩蔽高频纯音，但是高频纯音对低频声音产生的掩蔽作用则不那么显著，即低频声容易遮掩高频，而高频较难掩蔽低频[25]。

2.2.4　基于传统心理声学模型的编码

传统心理声学模型已用于许多编码器中[26]，其中著名的 MPEG-1 和 MPEG-2 的音频数据压缩方法也是利用这一感知编码特性来对 20Hz～20kHz 的音频数据进行压缩，仅仅编码那些可以被人耳所感知的音频信号，从而达到不降低音质的情况下减少数据量，而不再是根据波形之间存在的相关性或模拟发声器官来进行压缩[27]。

图 2.5 给出了 MPEG-1 和 MPEG-2 所使用的子带编码的简化算法框图。编码的基本过程是：先通过滤波器将输入的 PCM 音频信号分割成一定数目的频率子带，每个子带信号都会对应一个编码器。然后基于传统心理声学模型来对每个子带中的信号进行计算，得出各自的听阈和掩蔽阈值，并分别对它们进行量化和高效的编码，再输出量化信息和经过编码的子带样本。最后，编码器将每个子带所输出的数据按要求复合成比特流进行传输。

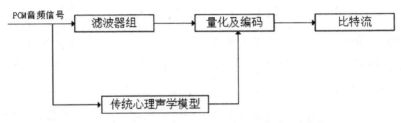

图 2.5 基于传统心理声学模型的子带编码框图

2.3 空间心理声学与空间音频编码

传统心理声学研究的是主观感受和音频信号之间的关系，通过感知音频编码来去掉被遮掩的声音，这虽然使得重构后的声音发生了改变，但听觉系统很难感知到它们的差别[28]。而空间心理声学研究的是人耳对空间中音源信号的定位，其基本原理是双耳系统能够提取信号中的方位线索，并利用它们来实现声源的探测[29]。

2.3.1 双耳线索在空间中的定位作用

空间听觉研究表明[30]，双耳之间的信号差异是在三维空间中的水平方向进行声源定位的重要依据，而产生这种差异的主要是双耳强度差 ILD 和双耳时间差 ITD，它们也被称为双耳线索[31]。

空间音频编码主要是对双耳线索进行编码，因为它能够表示声源的位置。事实上，人的双耳可以看作两个有着固定间距的声音信号接收器，而大脑相当于分析器，不仅会根据声波到两耳所产生的时间或强度的差异来定位出声音的位置，还能在线索发生改变时，感受到的声源的移动和变化区域。图 2.6 表示 ILD 和 ITD 与声源移动的关系。

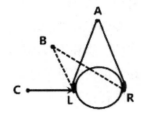

图 2.6 双耳线索与声源的移动

如图 2.6 所示，当声源处于人的正前方的点 A 时，由于声波到达左右耳 L 和 R 所经过的路径长度是相等的，故 ILD 和 ITD 均为 0，到两耳所用的时间和产出的音强是没有差异的。而当声源向左边移动，并到达点 B 后，由于 BL 的路径长度是小于 BR 的，因而声波到达左耳比右耳所需的时间要短而产生微小的 ITD[32]，同时由于头部的阻碍使得声波到达右耳时发生了衰减而形成了 ILD[33]。如果双耳中有一边的声压级为 0，就表明声源可能处于左耳或右耳的地方，如点 C 所示。

除了双耳线索外，耳间相关性（Interaural Coherence，IC）也是可被用于判断音源位置的信息[34]。IC 的取值是在 0 到 1 的范围之中，当 IC=1 时，表示左右双耳接收到的音频信号是相同的；IC=0，则说明两个声波是相互独立的；IC=-1 就意味着信号相同，但相位相反。

在图 2.7 中，当同一个声波（IC=1）到达耳机后，双耳感知到的是一个如图 2.7 的区域 1 所示的感知事件。如果 IC 值不断减小，这个听觉事件的宽度会慢慢增加，直到 IC=0 时，就会在双耳处分裂出如图 2.7 的区域 2 所示的两个听觉事件。

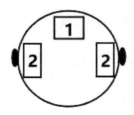

图 2.7 耳间相关性与声源的关系

固然，ILD 和 ITD 对三维空间中水平方向的声源定位起很重要的作用，但仅仅只考虑这两个线索，是不能进行全方位的定位的，因为当声源来自上下或前后方向时，双耳系统在定位时会发生混淆的问题，即常说的"锥面模糊"现象，如图 2.8 所示。当声源处于头部中垂面上时，双耳相对于该垂直面呈对称关系，因此它到达双耳的时间差和强度差都为 0，这样就很难通过双耳线索来准确定位出声源的位置。

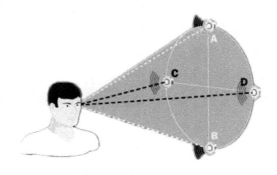

图 2.8　锥体混淆现象

在图 2.8 中的圆锥面上，声源点 A 和点 B 到左耳的距离是一样的，故此处所传播的音频信号到达左耳时的双耳时间差及双耳强度差是相等的，这就使得人耳无法清楚识别出声音是来自上方的点 A 还是下面的点 B[35]。同样，点 C 和点 D 也会因为这一原因而引起声源的识别错误，图中锥面上所产生的现象被称为锥体混淆（Cone of Confusion）[36]。因此，使用 ILD 和 ITD 虽然容易判断出水平面上的声源位置，但却区分不了垂直面上前后及左右的方位，故想要完整定位出整个 3D 声场中的位置，就要利用到另外的参数。

由于双耳理论只考虑了人体头部在声音定位中的作用，而忽视身体其他部位（包括双耳内部）在接收信号时的作用，从而产生了锥体混淆现象。事实上，人的头部、肩部、耳轮及躯体都会对信号中不同的频带产生减弱或放大的现象。比如，耳廓形状是不规则的，当不同频率的声音信号经过外耳时，有些信号会进入耳中，有些会通过反射后再进入双耳，还有的声波经过头部和躯干的反射作用再进入耳道，因此，多个信号所起的遮掩效果不一，这样双耳可以识别出发生混淆的音源位置，从而在很大程度上解决锥体混淆现象，准确判断出空间中声音的位置。

因此，可以将进行音源定位的几个参数（ILD、ITD、IC 和耳廓效应）用一函数即头部相关的传递函数（Head Related Transfer Function，HRTF）来表示[37]。因为 HRTF 包括了诸多声源定位的因素，全面地反映听觉系统与声源之间的交互作用，成为了研究声源定位的重要依据。

2.3.2　双耳线索的恰可感知差异值

双耳能够通过线索 ILD 和 ITD 定位出空间中水平方向上声源的位置，正是基于声音信号到达双耳时所产生的时间差以及强度差的原理。同时，当声源在水平方向上慢慢移动时，ILD 和 ITD 的值也会随之发生改变，但由于人耳在感知上的局限性，不一定能感知到这种声源的移动，只有当双耳强度差或双耳时间差的值达到某个阈值时，双耳才能察觉到声源位置的改变，该阈值被称为恰可感知差异值[38]。

研究人员通过大量的测试发现信号的频率、声源的方位、声强等因素都会影响双耳线索参数 JND 值。对于频率较高的音源信号，双耳强度差 ILD 在声源定位上起主导参数，而当音频信号的频率较低时，双耳时间差 ITD 则起主要作用，还有一些频率段上，两个双耳线索会在声音定位上共同起作用。除频率以外，当参考音的方位改变时，JND 值也会发生变化。实验表明，当声源从中垂线向双耳的方向移动时，双耳线索 ILD 和 ITD 的恰可感知差异值是在逐渐减小的，即双耳对声源的感知敏感度在下降。

2.3.3　空间音频编码

空间音频编码以空间线索、传统心理声学以及音频编码为基础，将多个声道混合成一个声道进行编码，从而大幅地降低传输数据量。同时，提取表示声源方位的空间参数，使得解码时还原出来的信号具有编码前的立体空间感，这样就可以去除多声道之间的冗余信息。其具体的处理过程包括两方面：一个是通过下混技术将多声道信号转化成一个声道信号，再对该信号进行编码；另一个则是提取多声道信号中的空间线索，单独进行量化和编码，之后作为边信息与单声道码流一起进行传输。由于边信息编码后的数据量要远小于单声道的数据量，因此使用空间音频编码，可以在不降低音频信号质量的情况下，不仅提高了编码效率，而且减少了存储所需的空间和传输所需的时间。

根据上述原理所建立的空间音频编码技术框架如图 2.9 所示[12]，多个音频信号通过下混而不是简单的叠加而得到和信号来作为主声道,同时信号之间的空间参数会被提取而编码成边信息进行传输。解码器端在收到数据流后,首先会分别对它们进行解码,在根据解码后的信息合成出原始的多声道信号。由于下混后所得到的单声道信号与原始的多声道信号之间会存在着变化,因此需要确保转化前后的信号能量是相同的。图 2.10 给出了下混技术的流程图。

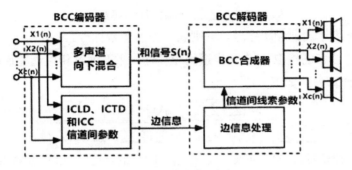

图 2.9 BCC 的编码与解码

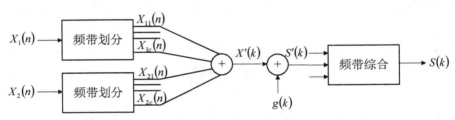

图 2.10 多声道信号下混

由图 2.10 可知,下混技术先对多声道信号 $X(n)$ 分别在频带上进行划分,再根据子带为单位,将信号之间相同的子带信号相加成 $X'(k)$ 并乘以一个增益系数 $g(k)$,这样就保持了能量上的平衡,计算公式如下:

$$\sum_{i=1}^{2} P_{x_i}(k) = g^2(k) p_{x'}(k) \tag{2.4}$$

而空间线索的提取则是先将多声道信号进行时频变化,再将变化后的频谱划分成多个子带,对于每个子带进行空间线索的提取。三个空间参数 ILD、ITD 和 IC 的计算过程如下:

(1) ILD 线索的提取。输入信号 $x_1(t)$ 和 $x_2(t)$ 与对应子带的能量比为 ILD,公式如下:

$$ILD = 10\log_{10} P_{x_1(t)}^2 / P_{x_2(t)}^2 \tag{2.5}$$

如果输入信号是复数，则需要通过它与共轭信号的乘积才能计算出其能量。

（2）ITD 线索的提取。由于 ITD 的计算需要使用遍历算法，复杂度较高，因此现有的空间音频编码中没有对 ITD 进行估计，而是使用声道间的相位差 IPD 来代替 ITD 进行计算，从而降低了编码时的复杂度。IPD 的计算如下：

$$\phi_{x_1 x_2, b} = \sum_k \sum_{m \in b} x_{1,m}(k) x_{2,m}^*(k) \tag{2.6}$$

其中，k 表示当前频率序号，m 则表示当前子带标号。

（3）IC 线索的提取。IC 是声道间相关性，主要通过相位调整后的频谱对其进行计算，计算方式如下：

$$IC_{x_1 x_2} = \frac{\left| \sum_k \sum_{m \in b} x_{1,m}(k) x_{2,m}^*(k) \right|}{\sum_k \sum_{m \in b} x_{1,m}(k) x_{2,m}^*(k) \sqrt{\sum_1 \sum_{m \in b} x_{1,m}(k) x_{2,m}^*(k)}} \tag{2.7}$$

空间音频编码技术对空间参数进行选取时，主要选择 ILD、IPD 和 IC 这三个参数。参数 ILD 在高频范围起作用，故参数 ILD 的提取是在高频段进行的。双耳时间差作用于低频的声音信号，因此 IPD 的提取主要集中在低频信号，而 IC 的提取是在全频带上进行的。

2.4　总结

本章主要介绍了心理声学模型、空间音频编码和感知特性的基本理论。许多基于传统心理声学模型的音频编码器主要是利用了听阈和遮掩效应来对音频信号中有用的部分进行编排，从而降低传输的数据量，但这种传统的音频编码方式无法满足随着声道数不断增加的音频数据。由声音的感知特性可知，双耳时间差 ITD 和双耳强度差 ILD 是定位声源的主要信息，且当声源移动时，双耳线索的 JND 值是人耳对其进行感知的依据。因此，当使用空间音频编码对多声道音频信号进行量化和编码时，就可以利用双耳线索参数和恰可感知差异值 JND 来对多声道音频信号中的边信息进行更高效的压缩，从而能减小传输和存储的数字音频数据。

第 3 章 双耳强度差和双耳时间差的恰可感知差异值测试

3.1 引言

由于人的听觉系统主要通过双耳强度差 ILD 和双耳时间差 ITD 感知声源在空间中的位置，因此在空间音频编码中，它们是边信息中的两个重要线索参数。当声源缓慢移动时，它对应的线索值 ILD 和 ITD 也会慢慢发生变化，但人耳却不一定能察觉到这种声源位置上的改变，因为人耳系统在这一感知上存在着一定的局限性，只有当双耳强度差 ILD 或双耳时间差 ITD 的值达到或超过某个感知阈值，即恰可感知差异值 JND 时，双耳才能察觉到这种空间声像的改变。

双耳线索 ILD 和 ITD 的感知阈值会随着频率和方位的不同而变化，而在空间音频编码中，当对包含空间位置信息的 ILD 和 ITD 进行量化时，如果能使量化误差小于它们的恰可感知差异值 JND，就可以实现双耳线索的无失真量化。因此，得到完整的恰可感知差异值能为这一量化提供理论依据。当前，已经有许多学者在多个频率和不同方位下，对双耳线索的 JND 进行了全面的测试，但是这些研究都是将 ILD 和 ITD 分开来单独完成的，而没有通过恰可感知差异值来对两个双耳线索同时在声源定位的感知效果上进行测试，也没有对双耳线索在声源定位上与频率以及方位之间可能存在的关系展开研究。

本篇通过改进后的音频测听系统，来对 ILD 和 ITD 的感知阈值进行测试。在实验中，同时使用 ILD 和 ITD 这两个不同的线索参数分别改变两个基础信号，从而生成测试所需的测试音和参考音。然后让受试人员在该系统上进行测听，在每一组参考音中，某个线索所测得的阈值都是由测试音中的另一线索的测试值所表示，系统会自动记录每次判断和测试的结果。最后对详细的实验数据进行分析，并把它们与单一的某个线索在声源定位中的感知阈值进行比较，从而得到两个双耳线索同时在感知声源位置时的影响，以及 JND 值与频率和方位之间存在的关系，这样就能为更高效的空间音频编码技术提供理论基础。

3.2 测试人员的筛选

实验开始之前，所有的测试人员必须先通过医院的检查来证明其听力功能未受到损伤，并且经过讲解后，能够对实验的步骤和原理有所了解。除此之外，为了得到更为准确的实验数据，还要对他们进行两次筛选。

首先，让受试者听两段 ILD 值不同的音频序列（其中参考音 ILD 为 0 dB，测试音 ILD 为 3 dB），并判断哪个音频的声源更偏向于左边，反复测听 30 次，记录每次判断的结果。接着再让受试者听两段 ITD 值不同的音频序列（其中参考音 ITD 为 0 μs，测试音 ITD 为 100 μs），并作出同样判断，测听 30 次并记录结果。最后取出这两组实验最后 15 次的结果进行统计，如果其正确率在 90%以上，则表示该测试者能感知到声源的位置随单个线索 ITD 或 ILD 值的变化而改变，因此可以进入第二次筛选。

本轮筛选中，需要观察测试值在实验过程中的变化情况。一开始，参考音的值较小且固定不变，而测试音的初始值偏大的，因此受试人员能清楚的判别两个不同声源的位置。但随着实验的进行，测试音的声源会越来越趋近于参考音，此时方位的识别就变得越来越困难，错误也会随之增多。因此，最后几次的实验结果会在以参考值为中心的一个较小区域里面徘徊，只有符合这个规律的测试者才能参加最终的实验。

通过上面几轮的筛选，满足要求的学生共有 6 名，其中男性 4 名、女性 2 名，均为武汉轻工大学在校的本科生或研究生，年龄都在 20～26 岁。这些学生将会进行双耳线索在声源定位中的两个实验，每个实验包括了多组不同方位的测试，每组又需要在多个声音频率上进行测听。听完一个频率大约需要 3～5 分钟，每完成 5 次测听需休息一段时间，以免听觉疲劳而影响判断，造成实验结果的不准确。

3.3 测试环境

为了得到较为精确的实验结果，就要尽量减小设备及环境给测试人员所带来的影响，因此本测试选择在国家多媒体软件工程技术研究中心武汉轻工大学音频测试室中进行，所有的测试者佩戴相同的专业耳机并在同一台计算机上完成实验，实验中所使用到的硬件与软件见表 3.1。

表 3.1　测试环境

设备/环境	参数
处理器	英特尔第四代酷睿 i3-4170，频率 3.70GHz
内存	4GB DDR3 1600MHz
外置声卡	Creative Sound Blaster X-Fi HD
操作系统	Windows 10（64bit）
耳机	Sennheiser HD380Pro
声级计	希玛 AR824
软件	Visual Studio 2005，Audition，MATLAB 2014

3.4　改进的测听系统

本实验室之前所使用的测听系统是基于单个双耳线索 ILD 的恰可感知差异值所设计的，而本篇需同时使用到 ITD 或 ILD 这两个双耳线索，来分别改变两个基础音频信号。因此，本实验开始前需对之前的测听系统进行改进，主要是添加以下代码来实现：

```
If (refMode==1)
{
    SequenceILDCreat(fReferrence,nFs,nDuration,nfrequence,charoutPutPathRef);
}
else if (refMode==2)
{
    SequenceITDCreat((int)fReferrence,nFs,nDuration,nfrequence,charoutPutPathRef);
}
If (testMode==1)
{
    SequenceILDCreat(fTest,nFs,nDuration,nfrequence,charoutPutPathTest);
}
else if (testMode==2)
{
    SequenceITDCreat((int)fTest,nFs,nDuration,nfrequence,charoutPutPathTest);
}
```

```
void CAzimuthTestDlg::SequenceILDCreat(float fILD,long int fs,int duration,long int frequence, char
*charoutPutPathILD)
{
    short int *data,*inputdata, *outPut;
    struct wavehead wavhead;
    double g1,g2;
    waveread(charPath, &data, &wavhead);
    long int size = wavhead.datalength/sizeof(short int);
    outPut = (short int*)malloc(sizeof(short int)*size*2);
    memset(outPut,0,sizeof(short int)*size*2);
    inputdata = (short int*)malloc(sizeof(short int)*size);
    memset(inputdata,0,sizeof(short int)*size);
    g1 = sqrt(2*pow(10,(fILD/10)))/sqrt(1+pow(10,(fILD/10)));
    g2 = 2/sqrt(2+2*pow(10,(fILD/10)));
......
}
void CAzimuthTestDlg::SequenceITDCreat(int nITD,long int fs,int duration,long int frequence, char
*charoutPutPathILD)
{
    short int *data,*inputdata, *outPut;
    struct wavehead wavhead;
    long int delaySize = fs*nITD/1000000+1;
    waveread(charPath, &data, &wavhead);
    long int size = wavhead.datalength/sizeof(short int);
    outPut = (short int*)malloc(sizeof(short int)*(size+delaySize)*2);
    memset(outPut,0,sizeof(short int)*(size+delaySize)*2);
    inputdata = (short int*)malloc(sizeof(short int)*size);
    memset(inputdata,0,sizeof(short int)*size);
    for(int i = 0;i<size;i++)
    {
        inputdata[i] = 23200*sin(2*PI*frequence*duration*i/(1000*size));
    }
......
}
```

如上述代码所示，在添加 refMode 和 testMode 这两个变量之后，系统可以根据它们的值来调用函数 SequenceILDCreat 或 SequenceITDCreat，从而同时使用线索参数 ILD 和 ITD 来分别改变两个基础信号，生成测试所需的参考音和测试音。除此之外，在程序运行之前，还需在测听系统的配置文件中进行参数设置。图 3.1 是实验一中第一组测试的参数配置。

```
[Mode]
refMode=1
testMode=2
strFrequence=50, 150, 250, 350, 450, 570, 700, 840, 1000, 1170,
1370, 1500, 1600
strStep=0.7, 0.9, 12, 6
nDuration=250
nFs=96000
fVariable=200
fReferrence=0
```

图 3.1　实验一的第一组测试中，测听系统的参数配置

在图 3.1 中，各个参数及其赋值所表示的含义如下：

（1）当 refMode=1、testMode=2 时，测听系统会分别调用 SequenceILDCreat 和 SequenceITDCreat 这两个函数。

（2）fReferrence=0 是指系统调用 SequenceILDCreat 后，根据 ILD=0dB 这一线索参数来改变基础音频信号，从而生成本实验的参考音。

（3）fVariable=200 则表示系统调用 SequenceITDCreat 后，会由 ITD=200μs 这一线索参数来改变另一基础音频信号，使之生成实验所需的测试音。

（4）strFrequence 表示本组测试中所需测试的声音频率，它会结合参考音和测试音生成测试所需的测听音频信号。

（5）strStep 是步长改变的参数，在一组测听中，测试音中的测试值 fVariable 会根据 strStep 的值实时改变。

当配置文件中所需的参数设置完成后，受试者就可以使用改进的测听系统进行实验，运行该系统后会先显示出一个训练阶段的测听界面，如图 3.2 所示，这样做是为了保证之后实验结果的准确性。

图 3.2　测听系统训练阶段界面

在图 3.2 中，先输入测试者的姓名 Wangsi，之后点击"播放"按钮，系统会自动生成一条测听音频信号。受试者在听到该信号后，需判断是前半段还是后半段的声音更加偏向于左耳，并点击相对应的位置，当判断正确后，会显示图 3.3 所示的界面。

图 3.3　训练阶段的测听通过

如图 3.3 所示，在本次训练阶段，当听到测听的音频并点击前半段这一正确的答案后，系统会弹出"听力正常"这一窗口，点击"确定"按钮后，就可以进入正式的测听阶段。

3.5　测听音频信号

研究可知，影响双耳时间差和双耳强度差的恰可感知差异值的因素有很多，比如声音信号的频率、音频信号的方位以及强度等。本篇的两个实验中所使用到的音频信号的基本参数如下所示。

3.5.1　测听音频信号的频率选取

声音信号的频率是影响 ILD 和 ITD 的 JND 值的重要因素，随着频率的改变，双耳线索的恰可感知差异值是会发生变化的，即便在同一频率上，ITD 和 ILD 的阈值也是不一样的。对于 1500Hz 以上的声音信号，双耳时间差 ITD 在水平方向的声源定位中基本不起作用，而当音频信号的频率小于 800Hz 时，双耳时间差 ITD 则起主要作用。如果频率是在 800～1500Hz 的范围中，两个双耳线索 ILD 和 ITD 则会在声音定位上共同起作用[39]。由于本篇主要测试 ILD 和 ITD 同时在声源定位上的感知特性并分析双耳线索与频率之间存在的联系，故需要选择一段能使得两个双耳线索同时起作用的频带来进行测试。因而，本篇的测试主要集中在 100～1500Hz 的频率范围内。

又由听觉的临界频带可知，当在某个频率点为中心的频段范围内，人耳对声音信号所感知到的听阈以及遮掩效应是相同的，即听觉效果是一样的。因此，本实验将测试频带划分为 11 个子频带，每个子频带的范围刚好对应 11 个 bark，其测试频率点从低到高依次为 150Hz、250Hz、350Hz、450Hz、570Hz、700Hz、840Hz、1000Hz、1170Hz、1370Hz 和 1500Hz。

3.5.2 测听音频信号的方位选取

除频率以外，参考音方位的变化也会影响到 JND 值的改变[40]。实验表明，当声源分别位于人的正前方时，声源的最小可察觉的角度（Minimum Audible Angle，MAA）大约为 2°，且该角度当声音从中间向左耳移动的过程中是在逐渐增大的[41]。这说明随着声源从中垂线向双耳的方向移动时，人耳对声源方位的感知敏感度是在逐渐减小的，即声源的识别会变的越来越困难。又因为在人的左右耳所产生的听觉特性是相互对称的，因此，本实验从人的正前方到左耳这一范围内选取几个比较典型的方位值来作为参考音进行测试。

实验一中，双耳时间差 ITD 的值会作为测试音中的测试值，来测量参考音中双耳强度差 ILD 在多个方位上的 JND 值。而参考音中声源方位的改变是通过修改其本身双耳强度差的值来实现的。五组实验中，ILDs 取值依次为 0 dB、1 dB、3 dB、5 dB 和 9 dB，其中，ILDs 为 0 dB 和 9 dB 时，参考音的声源会被置于中垂面以及偏离中垂线 45°的方向。

实验二中，我们通过改变参考音中双耳时间差的值来变动参考音声源的位置，并使用测试音中双耳强度差 ILD 的值来测试参考音在六个方位上的阈值。实验中，我们逐个选取 0μs、40μs、100μs、200μs、350μs、600μs 作为参考音中 ITDs 的值进行测试，其中 0μs 和 600μs 所产生的声源分别会出现在中垂线和左耳的位置。

3.5.3 测听音频信号的强度设置

由于音频信号的强度对两个双耳线索的恰可感知差异值的影响也比较大，因此本实验需要对音频信号的初始声压级进行统一的规定，从而尽可能减小或消除声强对实验结果的影响。在之前的很多测试中，研究者一般都是将声压级控制在 60~80 dB 的范围中，这样能产生效果较好的声音并让结论更为准确。因而，本篇的两个实验所选取的声压级均为 75dB[42]。

3.6 测听音频信号的制作

测听音频信号是基于基础信号所生成的，测试开始之前，先要通过音频软件 Adobe Audition 对一个长度为 200ms 的单声道信号进行带通滤波处理，生成 11 个频率特定的纯音信号，它们各自的频率带宽如 3.5.1 节所述。再使用声级计控制这 11 个音频信号的声压级，保证它们在耳机中输出的声强大小为 75 dB。

实验中的每条测听音频信号主要由时长各为 0.2s 的参考音和测试音所组成，两段信号之间还有 0.3s 的静音时间以及最后 1s 的判断时间。每次播放测听音频信号时，测试音和参考音出现的顺序都是随机的。除此之外，参考音和测试音各自又是由两个声道所组成的，每个声道分别对应左右耳。同一个音中的两个声道除了存在时间上的延迟或强度上的差异外，是没有任何的不同，这样受试者才会根据时间差或强度差识别出参考音和测试音各自的声源位置。每当测试人员听完一条测听音频信号后，就需要从参考音和测试音中判断出哪个声音更加靠近左边耳朵。

实验一中的参考音和测试音的制作过程如下：先根据之前的基础信号生成两个双声道的音频信号。然后设置本组测试中的值 ILDs（其值依次从 3.5.2 节所述的 0dB、1dB、3dB、5dB、9dB 中选取），系统会依据这个 ILDs 的值，增大一个音频信号中左声道的强度，生成本组测试所用的参考音，该参考音的声源位置在本组测试中是保持不变的。随后，系统再根据双耳时间差的初始值 200μs 设置另一个音频信号来作为测试音，即右声道中的信号相对于左声道进行了 200 μs 的延时，使测试音中的左右声道产生时间差。在测试过程中，音频测听系统会根据受试人员每一轮的判断来实时地改变测试音中的测试值 ITDv，直到本组实验结束，得到的 ITDv 值就是参考音在该方位和频率下的 JND 值，具体的例子如图 3.4 所示。

图 3.4 为实验一的一条测听音频信号，前面 0.2s 是参考音，中间有 0.3s 的停顿时间，后部分为 0.2s 的测试音，上波形代表左声道，下波形代表右声道。从图

3.4 中可以看出，参考音的上下波形仅仅只有强度上的区别，它们之间的强度差 ILDs=3dB，即左声道的声压级大于右声道，因此人耳感知到的声源是略微偏向左侧一点。而在测试音中，右声道则是相对于左声道进行了 ITDv=200μs 的延时，使得人耳听到的测试音也偏向于左边。当受试者听完测听音频信号中的两个音，并点击系统上表示测试音更加偏向于左耳方向的按钮后，系统就会根据这一正确的回答来减小 ITDv 的值，使得下一轮生成的测试音的声源更加接近参考音。随后，测听人员不断重复这一过程，直到测试音的音源改变到某个位置，让受试者难以辨别时，此时得到的测试值 ITDv 就是参考音在 ILDs=3dB、频率为 1000Hz 下所对应的恰可感知差异值 JND。

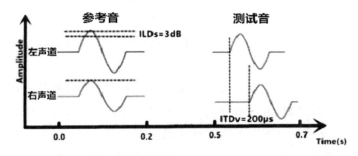

图 3.4　频率为 1000Hz 的测听音频信号，参考音中的 ILDs=3dB，测试音中的 ITDv=200μs

实验二中，测听音频信号的制作过程如下：系统产生两个双声道的音频信号后，先以测试人员选择的 ITDs 值（其值从 3.5.2 节所述的 0μs、40μs、100μs、200μs、350μs、600μs 依次进行选择）来对某个音频信号的右声道进行 ITDs 的延时，让产生时间差的音频信号作为测试音。再用初始值为 5dB 的双耳强度差改变另一个音频信号来作为测试音，测试音中的左声道强度大于右声道，具体的例子如图 3.5 所示。

图 3.5 为实验二中的一条测听音频信号，与图 3.4 不同的是，它前部分为 ITDs=100μs 的参考音，后部分则是 ILDv=5dB 的测试音。ILDv 的值也是随着测试人员的判断结果而改变，直到测试音和参考音的声源靠近到受试人员无法区分时，所得到的测试值 ILDv 为参考音在 ITDs=100μs、频率为 1000Hz 下的感知阈值。

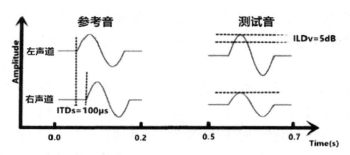

图 3.5 频率为 1000Hz 的测试序列，参考音中的 ITDs=100μs，测试音中的 ILDv=5dB

3.7 实验测听方法

本实验使用的测听系统采用了强迫性二选一[43]和 2 down/1 up[44]的心理自适应测试方法。

强迫性二选一的方法是要求受试者在每一轮听到测听音频信号后，必须要根据自己的主观感受，在规定的时间内从参考音和测试音中选择一个更加偏向于左耳方向的声源。无论这种判断是否正确，都必须做出选择。如果没有进行选择，系统会根据当前的参数值重新生成一个新的测听音频信号让测试人员再次判断。

2 down/1 up 是 Transformed up-down 心理自适应测试法中的一种，由于每一小组测试都是由多轮测听所组成的，每一轮的判断结果都会影响到下一轮所产生的测听音频信号。故只有当测试人员连着 N（N=2）轮判断都是正确时，系统才会根据当前步长值来减小测试值，使得下一轮测听音频信号中的测试音和参考音的声源更加接近。而只要有一轮出现判断错误，系统就会根据当前步长值来增大测试值，让新生成的测听音频信号里的测试音和参考音的声源距离变远。这样，测试值在多轮的测试过程中，会根据测试人员的判断而不断进行调整，从而逐渐逼近所需的恰可感知差异值。

心理自适应测试方法 2 down/1 up 的过程可以通过图 3.6 来描述，图中的每一点表示测试人员的一次判断，当连续 2 轮做出正确判断后，测试值就会减小，如点 T1 所对应的测试值就由之前的 200 减到 100。如果有一次选择错误，测试值则会增加，如点 T2 所对应的测试值由 25 增加到 50。除此之外，12 轮的测试过程中，出现了 3 个反转点（Reversal）。所谓反转是指测试值从增加变化到减小或从减小变为增加，如点 R1 和 R3 就表示测试值从减小变为增加，而 R2 则意味着测试值由增加变化到减小。2 down/1 up 的心理自适应测试法是根据之前设置的反转点阈值来决定是否结束本小组测试。

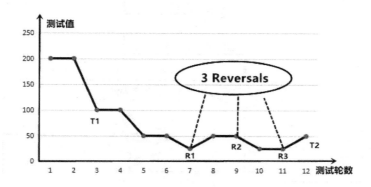

图 3.6　2down/1up 心理自适应测试方法的过程

心理自适应测试法 Transformed up-down 的种类有很多，之所以选择 2 down/1 up 是因为它不仅能让测试值较为快速地逼近参考音的阈值，又能保证结果的准确性。如果使用 1 down/1 up 进行测试，测试人员只需要判断对一次，就会使得测试值减小，但当测试人员在无法判断测试音和参考音时，可能会通过猜测的方式而选择出正确的答案，这样就会影响到结果的准确性。如果使用 3 down/1 up 来测试，受试人员就要连续判断对三次才会减小测试值的大小，这就导致实验轮数成倍的增加，延长了测试的时间，从而对测试人员的耐心带来考验，降低了实验效率。

3.8　实验测试步骤

本篇的测听实验有两个，实验一使用测试音中的双耳时间差的值 ITDv 作为测试值，来对 5 个方位上和 11 个频率上的声源信号进行双耳强度差 ILD 的 JND 测试。因此，先按照参考音中的 5 个不同的方位值 ILDs 将实验一分成五个大组，再根据 11 个声源信号的频带来将每大组分为 11 个小组，之后依次进行测听。

实验二则使用测试音中的双耳强度差的值 ILDv 作为测试值，来对 6 个方位上和 11 个频率上的声源信号进行双耳时间差 ILD 的阈值测试。故也是将实验二分为 6 个大组和 11 个小组，共进行 66 组的测试。两个实验都是在自主开发的一款基于 Windows 平台的测听系统上进行的，实验一的测试流程如图 3.7 所示。

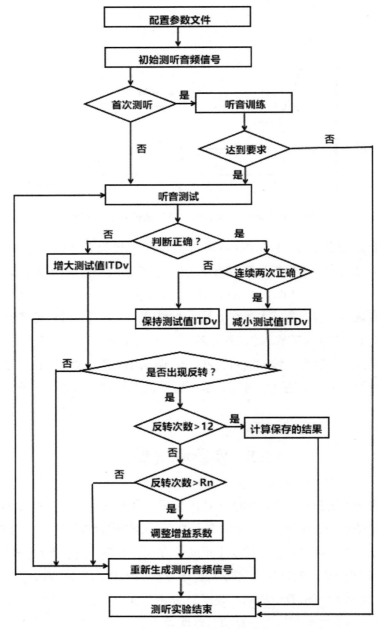

图 3.7　实验一的测试流程图

实验一的测试步骤如下：

步骤 1：打开配置文件，选定 ILDs 的值（ILDs 的值依次从 0、1、3、5、9 dB 中选取）来为参考音设定一个固定的声源位置。比如，第一组实验中可以将 ILDs 的值置为 0 dB，即参考音的声源位于人的正前方。在配置文件中，ITDv 的初始值默认为 200μs，此时测试音中的声源是偏向于左边方向。

步骤 2：配置完成后，运行测听系统，受试人员需从 11 个所需测试的信号频率中选取一个频率点 X，然后点击"确认"按钮。系统就会根据配置文件中的 ILDs、ITDv 的值以及测试频率 X 生成测试音和参考音，并随机组合成初始的测听音频信号。

步骤 3：测试人员在听到初始的测听音频信号后，必须在 1 秒钟的判断时间内，从参考音和测试音中选择一个更加偏向于左耳方向的音源，并点击系统上对应的按钮。整个测试过程中，$N1$ 和 $N2$ 用来表示判断的正确数和错误数，Reversals 表示反转次数，它们都为全局变量且初始值为 0。如果测试人员在本轮的判断是正确的，系统就会将正确数 $N1$ 加 1，错误数 $N2$ 置为 0。当测试人员连着两轮的判断都正确，即 $N1=2$ 时，系统才会根据当前步长 Stepsize 的值来减小测试音中的测试值 ITDv，并将 $N1$ 和 $N2$ 同时置为 0，同时还会判断是否出现了反转，如果出现，则将 Reversals 加 1，并进入步骤 4。当测试人员在某一轮的判断出现了错误，即 $N2=1$ 时，系统就会根据当前步长 Stepsize 的值来增大测试音中的测试值 ITDv，并将 $N1$ 和 $N2$ 同时置为 0，如果出现反转也是将 Reversals 加 1，并进入步骤 4。如果都没有出现反转，则返回步骤 2，并根据本轮的测试值 ITDv 和 ILDs 的初始值生成新的测试音和参考音，从而组成新的测听音频信号来进行下一轮的测试。

步骤 4：测试系统会先得到当前反转次数 Reversals 的值，再根据变化步长的四个阈值，判断是否修改步长 Stepsize，如果等于其中的某个阈值，则修改 Stepsize 来作为下一轮的步长值，否则仍然使用当前的步长值。之后，系统会判断 Reversals 的值是否达到了反转次数的阈值 R（$R=12$），若达到，就进入步骤 5，若没有达到，也是返回步骤 2，并由当前的测试值 ITDv 和 ILDs 的值生成新的测听信号来进行下一轮的测试。

步骤 5：当反转次数 Reversals 达到 R 时，本小组的测试就结束，此时人耳也很难识别出两个声源的方位。系统会取出最后 L（$L=4$）次反转点 Reversal 所对应的测试值 ITDv，并计算出它们的平均值，从而得到参考音在 ILDs=0 dB 的方位和频率 X 下的恰可感知差异值，该值是由测试音中的值 ITDv 来表示。

然后，返回界面以同样的步骤依次测试其他 10 个频率点，从而完成第一组实验，得到参考音在 ILDs=0dB 的方位下整个测试频率的阈值。

最后再次打开配置文件，修改 ILDs 的值，以相同的方法完成后面四大组的测试（ILDs 为 1dB、3dB、5dB 和 9dB）。实验过程中，每一次的判断结果和最终的测试结果都会保存在对应的 Excel 表中，以供后期对数据进行分析。

在步骤 4 中，步长 *Stepsize* 也是在实时变化的。实验开始时，测试音中 ITDv 的初始值一般较大，测试人员能够清楚地判断出哪个声源更加偏向于左边，因此系统会通过指数变化的步长 *Stepsize* 来改变 ITDv 的值，使得测试音的声源更快逼近参考音，从而减少实验的次数。而到了实验后半部分，为了慢慢逼近参考音的阈值，则需要线性增长的步长 *Stepsize* 来改变 ITDv 的值，这样得到的数据才会更加精确。步长 Stepsize 的减小和增加分别通过式 3.1 和式 3.2 所实现：

$$Stepsize = Stepsize \times index - linear \qquad (3.1)$$

$$Stepsize = Stepsize / index + linear \qquad (3.2)$$

其中，*index* 为指数变化参数，*linear* 为线性变换参数。*index* 和 *linear* 的取值各有四种，分别为 *I*1、*I*2、*I*3、*I*4 和 *L*1、*L*2、*L*3、*L*4。反转次数 *Reversals* 也设置了四个临界值，分别为 *R*1，*R*2，*R*3 和 *R*4（0=*R*1<*R*2<*R*3<*R*4=*R*）。*index* 和 *linear* 的取值会根据反转次数 Reversals 做如下改变：

（1）当 0≤*Reversals*<*R*1 时，则令 *index*=*I*1、*linear*=*L*1。

（2）当 *R*1≤*Reversals*<*R*2 时，则令 *index*=*I*2、*linear*=*L*2。

（3）当 *R*2≤*Reversals*<*R*3 时，则令 *index*=*I*3、*linear*=*L*3。

（4）当 *R*3≤*Reversals*<*R* 时，则令 *index*=*I*4、*linear*=*L*4。

（5）当 *Reversals*=*R* 时，测试结束。

实验一的测试步骤中所使用到的参数和取值见表 3.2。

实验二的所使用的测试步骤与实验一是相同的，只是测听音频信号中存在两点的不同：

（1）测听音频信号中，参考音中声源的位置在本实验中是由 ITDs 的值来决定，六组实验，ITDs 值依次从 0μs、40μs、100μs、200μs、350μs、600μs 中选取。

表 3.2　实验一中的各个参数及其取值

N1	N2	R	L	R1	R2	R3	R4
2	1	12	4	3	6	9	12
I1	I2	I3	I4	L1	L2	L3	L4
0.5	0.7	0	0	0	0	12	6

（2）设置 ILDv 的初始值为 5dB 作为本实验的测试值，来测试参考音在六个方位上的阈值。

测听系统运行后，会显示和实验一同样的测试界面。测试人员通过相同的操作步骤可以测得参考音在 ITDs 对应的 6 个方位和 11 个频率点下的 JND 值，这些值都是由测试音中的测试值 ILDv 所表示的。

实验二的测试过程中，使用到的参数见表 3.3。

表 3.3　实验二中的各个参数及其取值

N1	N2	R	L	R1	R2	R3	R4
2	1	12	4	3	6	9	12
I1	I2	I3	I4	L1	L2	L3	L4
0.5	0.7	0	0	0	0	0.5	0.2

3.9　测听系统的操作步骤

当测试者掌握整个实验原理并设置完所有测试参数后，先要进行如图 3.2 中的测听训练，只有通过后，才能进入如图 3.8 所示的正式测听阶段。在该阶段中，正确的操作步骤如下：

- 确认所佩戴的耳机，保证耳机的左右方向是正确地戴在两耳上。
- 输入测试值的名字，并在右边写有测试序列的下拉框中选择当前所需的测试频率，本次测听选择的待测频率是 50Hz。
- 点击左边的"播放"按钮，开始听音。
- 当听完两段声音后，需判断哪个声音更偏向左边，本次测听更偏向左边的声音是第一个，此时需在界面中点击"前半段"。这里做出选择的时间不能超过 1 秒钟，否则本次测听无效，需点击"播放"，生成新的测听序列进行重听。

● 当多次测听并达到一定条件后，当前频率下的恰可感知差异值的测试就结束，此时，可以选择新的频率开始测试。

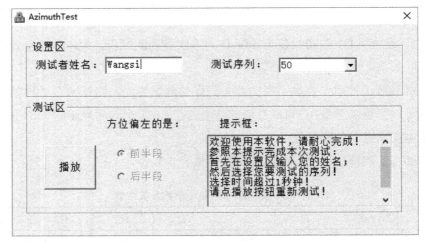

图 3.8　正式测听阶段界面

3.10　恰可感知差异值的曲线拟合

两个双耳线索的恰可感知差异值的测量需要投入大量时间和精力，而本篇只是选取一些典型的方位和频率进行 JND 的测试，如果需要得到更加全面的数据，可以通过插值法来对双耳线索的 JND 进行曲面拟合。

曲面拟合是指利用有限个的已知点来构造其他新点的方法，这些新点满足原曲面的变化规则。通过插值的方法来进行曲面拟合，是由给定的点来形成所需的曲线或曲面。为了获得更为准确的结论，本篇通过这一技术来对已知的 JND 数据在更多的方位和频带上进行插值拟合[45]，从而得到频带和方位上更为全面的阈值。

3.10.1　插值法

在实际应用中，不同的变量之间会对应着函数关系，但很多时候这种关系的表达式过于复杂或不能给出，这样只能得到一些离散的对应值，但这些值不能代表它们的变化规律。此时，就可以使用插值法来解决这样的问题，插值法的定义如下：在给定的 $[a,b]$ 区间上，函数 $y = f(x)$ 有定义，且已知点 $a \leqslant x_0 < x_1 < \cdots < x_n < b$ 所对应的函数值为 $y_0, y_1, \cdots, y_n$，如果存在函数 $p(x)$ 使得 $p(x) = y_i(i = 1, 2, \cdots, n)$ 成立，则把 $p(x)$ 称为 $y = f(x)$ 的插值函数，点 $x_0, x_1, \cdots, x_n$ 为插值点，$[a,b]$ 为插值区间，而求出函数 $p(x)$ 的方法就称为插值法。

3.10.2　线性插值法

当前所使用的插值法有很多，比如三角基三次插值法、最近邻插值法等。本篇将会使用线性插值法来对测得的已知结果进行曲面的拟合，以获得更为完整和全面的 JND 值。

线性插值法是一种较为简单的插值法，广泛应用于计算机和数学领域。当平面两个坐标点 (x_0, y_0) 和 (x_1, y_1) 已知时，就可以通过等式 $\dfrac{y - y_0}{y_1 - y_0} = \dfrac{x - x_0}{x_1 - x_0}$ 求出区间 $[x_0, x_1]$ 内某个点 x 值所对应的 y 值。当 $\dfrac{y - y_0}{y_1 - y_0} = \dfrac{x - x_0}{x_1 - x_0}$ 的值为 α 时，即 $\alpha = \dfrac{x - x_0}{x_1 - x_0}$ 或 $\alpha = \dfrac{y - y_0}{y_1 - y_0}$，则将 α 称为插值系数，可以变换为 $y = (1 - \alpha)y_0 + \alpha y_1$，如果知道值 α 就可以直接计算出 y 的值。当知道函数 $f(x)$ 两点所对应的值，就可以使用线性插值法获取 $f(x)$ 在其他点上的值，线性插值多项式为 $p(x) = f(x_0) + \dfrac{f(x_1) - f(x_0)}{x_1 - x_0}(x - x_0)$。

3.11　总结

由于双耳时间差和双耳强度差的恰可感知差异值 JND 是感知声源变化的重要依据，如果能测得它们在多个方位和频率上完整的 JND 值，就可以对两个双耳线索同时在声源定位的感知效果上进行分析。因此第三章主要介绍了在对 JND 进行测试前，受试人员的筛选、测听系统的改进、测听音频信号的产生，以及双耳强度差 ILD 和双耳时间差 ITD 的恰可感知差异值的测试过程和原理。本篇中的两个实验都基于临界频带和方位参考值，在多个频率和不同位置上测试了两个双耳线索的感知阈值，从而获得了它们在声源定位上较为全面的恰可感知差异值的实验数据，并在最后简单介绍了线性插值法这一概念，这样可以对测得的数据进行曲面拟合，以便研究双耳时间差 ITDs 的 JND 与方位和频率之间存在的关系。

第 4 章　双耳时间差与强度差的感知特性数据处理与研究

4.1　原始数据的处理

经过四个月的测试，6 名测试人员完成了 5 组方位和 11 个频带下双耳强度差以及 6 组方位和 11 个频带下双耳时间的恰可感知差异值的测试。取出所有存储在 Excel 表中的测试数据，并求出六名测试人员的平均值，得到表 4.1 和表 4.2。

表 4.1　双耳强度差 ILD 在 5 个方位及 11 个频率下的 JND 值，测试值由值 ITDv（μs）表示

频率 ＼ 方位	0dB	1dB	3dB	5dB	9dB
150Hz	41.51	77.42	182.75	215.33	
250Hz	28.25	56.00	174.62	204.62	
350Hz	25.25	49.98	87.96	176.73	243.46
450Hz	15.75	34.75	70.00	152.75	207.85
570Hz	21.00	45.17	70.92	163.46	238.04
700Hz	33.50	62.50	93.28		
840Hz	21.50	73.75	134.50		
1000Hz	48.92	95.50	198.25		
1170Hz	36.25	75.17	196.53		
1370Hz	20.35	83.00	210.87		
1500Hz	31.42	87.50	236.93		

表 4.2　双耳时间差 ITD 在 6 个方位及 11 个下的 JND 值，测试值由值 ILDv（dB）表示

频带 ＼ 方位	0μs	40μs	100μs	200μs	350μs	600μs
150Hz	1.41	2.92	3.73	4.72	6.57	7.02
250Hz	2.23	2.77	4.99	5.56	7.14	8.62

方位 频带	0μs	40μs	100μs	200μs	350μs	600μs
350Hz	1.87	2.72	6.70	8.79	10.03	10.53
450Hz	2.21	3.19	6.13	6.42	7.17	7.36
570Hz	1.67	3.29	5.60	6.58	7.89	8.13
700Hz	1.62	2.62	2.72	3.69	4.23	4.78
840Hz	2.20	2.53	3.83	4.26	4.55	4.17
1000Hz	1.68	2.46	2.65	3.49	5.04	1.67
1170Hz	1.69	3.12	3.74	4.42	4.63	2.46
1370Hz	1.88	2.67	4.11	4.95	5.46	4.67
1500Hz	1.94	2.66	2.82	2.97	3.22	2.37

4.2　数据图的分析

为了分析双耳线索 ILD 和 ITD 同时在声源定位上的影响以及它们与频率和方位存在的关系，需将表 4.1 和表 4.2 中的感知差异值绘制成随频率变化的曲线图，得到 ILDs 在 5 个方位上（0、1、3、5 和 9 dB）的阈值，其值由测试音中的测试值 ITDv（μs）表示，如图 4.1 所示。另外，还会得到 ITDs 在 6 个方位上（0、40、100、200、350、600 μs）的感知阈值，该值由测试音中的测试值 ILDv（dB）来表示，如图 4.3 所示。

4.2.1　双耳强度差 ILDs 的阈值分析和对比

图 4.1 是参考音 ILDs 的恰可感知差异值随频率变化的曲线图，图上的五个参数代表了五组实验里参考音中的值 ILDs，它们分别是 0、1、3、5 和 9 dB，曲线上的每个点是六个测试人员的平均结果。从该曲线图可以得到下面几个结论：

（1）当参考音中 ILDs 为 0 dB 时，参考音的声源是位于人的正中间，此时受试者进行声源判断的唯一线索就是测试音中的双耳时间差 ITD。因此，ILDs=0 dB 的恰可感知差异的测试值应该与单个线索 ITD=0 μs 时所测的临界阈值是相似的。图 4.2 是胡瑞敏教授所测得的双耳时间差 ITD，这个单一线索在各个频率和方位上的阈值[11]。从图 4.2 中可以看到，当测试频率为 150～1500Hz 时，双耳时间差

在 ITD=0 μs 的恰可感知差异值是处于 10～40 μs 的范围中，而这一结果与图 4.1
即本实验所测得的 20～50 μs 范围内的 ITDv 值极为接近。

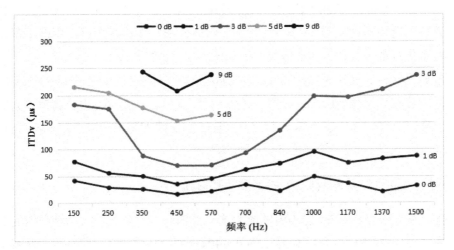

图 4.1　ILDs 的 JND 值随频率变化的曲线图

（2）随着参考音中 ILDs 的增加，ITDv 的值在各个频率点上几乎都在增加，
整条曲线是呈向上移动的，即表明当参考音的声源由中间向左耳移动时，双耳对
参考音和测试音的辨别是越来越困难的。这也与图 4.2 中，单个线索 ITD 的阈值
随方位变化而增大这一结论相同。

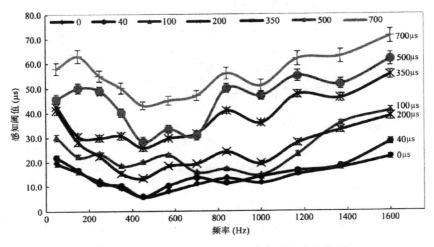

图 4.2　单个线索 ITD 的阈值随频率变化的曲线图

（3）在图 4.1 中，当 ILDs=5dB 和 9dB 时，某些频率点上的 ITDv 值是不存在的，发生这种情况的原因可能是测试音中的 ITD 值，即双耳时间差过大而发生了相位混淆。假设头部的平均时间宽度为 650 μs，参考音在 ILDs=5dB 和 9dB 这两个方位上所对应的阈值 ITDv 可能超过了 650 μs，才使得受试者不能正确地识别出两个声源的位置，因此无法获得这些频率点上的 ITDv 值。

（4）从图 4.1 可以明显观察到，在频率为 350～700Hz 的范围中，ITDv 的值较低且变化较为平稳，而在该频率范围的两边，ITDv 的值向两边呈逐渐增大的趋势。因此，当双耳强度差作为参考音、双耳时间差作为测试音时，在 350～700Hz 的区间上，人耳对空间声像的感知是比较敏感的。

4.2.2　双耳时间差 ITDs 的阈值分析和对比

图 4.3 是参考音 ITDs 的阈值随频率变化的曲线图，图上的六个参数值为实验二中参考音中的值 ITDs，它们分别为 0、40、100、200、350、600 μs，曲线上的每个点为测试人员的平均结果。

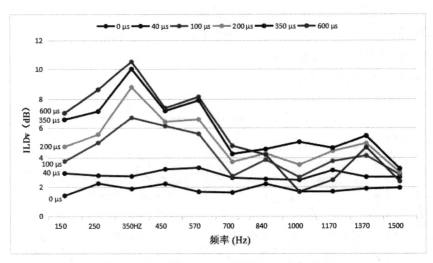

图 4.3　ITDs 的 JND 值随频率变化的曲线图

从曲线图 4.3 可以得出三个结论：

（1）当参考音中的值 ITDs 为 0 μs 时，测试音中的双耳强度差 ILD 是受试者进行声源识别的唯一线索。故 ITDs=0 μs 的方向上，恰可感知差异的测试值应与单个线索 ILD=0dB 时所测的阈值是一致的。图 4.4 是之前实验人员所测得的双耳强度差 ILD，即这个单一线索在多个频率和方位上的恰可感知差异值，从图 4.4 可以看出，当频率为 150～1500Hz 时，双耳强度差在 ILD=0dB 的阈值是处于 1～2dB 的范围中，这一结果与图 4.3 即本实验所测得 1～2dB 范围中的 ILDv 值是一致的。

（2）当参考音中的值 ITDs 由 0 μs 增大到 600 μs，测试值 ILDv 在整体上是在增加的，即人耳感知音源的敏感度是在下降的，但下降的不像图 4.1 那么明显，甚至有个别频率点出现了微微上升的情况。同时这一现象也和图 4.4 中，单个线索 ILD 的恰可感知差异值在多个方位上的变化趋势是相近的。

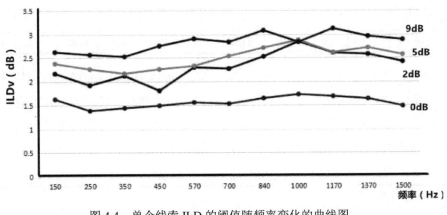

图 4.4　单个线索 ILD 的阈值随频率变化的曲线图

（3）从图 4.3 可以看到，ILDv 的值在频率为 150～350Hz 的区域是在增大的，在 350Hz 这个点达到了最大，此处的空间声像的定位是最困难的。而在 350～700Hz 的区间上，ILDv 的值又呈现慢慢减小的趋势，到了 700～1500Hz 的范围内，波形比较平坦，ILDv 的值较低且无明显规则的变化。因此，当双耳时间差作为参考音、双耳强度差作为测试音时，在 700～1500Hz 频段上，人耳对声源位置的感知较为敏感。

4.3　曲面拟合及其分析

由于 JND 的测量需要大量时间，因此可以通过线性插值法来对已测得的实验数据进行插值，从而对 JND 进行曲面拟合，得到更加全面的数据。由于实验一中，当以双耳强度差作为参考音，双耳时间差作为测试音时，测试值 ITDv 在某些方位（ILDs=5dB 和 9dB）上发生了相位混淆现象，而无法得到较为完整的测试数据，因此本篇只对实验二中双耳时间差作为参考音、双耳强度差作为测试音所得到的恰可感知差异值进行线性插值。

首先是插值的频率点：由于实验中的测试信号选取了 11 个正弦波信号，而这 11 个信号的频带刚好对应 11 个 Bark 值，因此测试得到的结果是 11 个 Bark 带中心频率的感知特性。基于这些数据，再选取 10 个 Bark 带的边界频点作为频率上的插值点，插值的频率点见表 4.3。

表 4.3　10 个插值点上的插值频率（Hz）

插值序号	1	2	3	4	5	6	7	8	9	10
插值频率	200	300	400	510	630	770	920	1080	1270	1430

再是插值的方位点 ITDs：因为双耳线索的 JND 值会随着方位 ITDs 的增加而增大，所以 ITDs 的值越大，选取的插值点就应该越稀疏。又因为双耳的感知具有对称性，故本实验进行了一边的测量，即左耳到中垂线方向上几个典型的方位。因此，在测得恰可感知差异值的基础上，选取的插值点方位见表 4.4。

表 4.4　5 个插值点上插值方位 ITDs（μs）

插值序号	1	2	3	4	5
插值 ITDs	20	65	150	260	450

最后基于 3.10 中所述的插值方法，通过 MATLAB 可以得到恰可感知差异值 JND－频率－方位 ITDs 的三维曲面图如图 4.5 所示。

根据对曲面图 4.5 的分析，可以得出双耳时间差 ITDs 的 JND 和方位以及频率之间存在的关系：

（1）从参考音中的 ITDs 方位来看，随着 ITDs 值的增加，恰可感知差异值 JND 是在增加的，即测试音中的测试值 ILDv 是增加的，这种增大的趋势在 ITDs 值较大时比较明显。这一结论与双耳强度差或双耳时间差单独进行恰可感知差异值测试所得到的结果是相同的，即当声源由人的正前方朝左耳方向移动时，双耳对线索的感知敏感度是在逐渐降低的。

（2）从频率（50～1500Hz）上看，ITDs 的恰可感知差异值 JND 先增加后减小，再趋于平稳状态。在 50～500Hz 的频带上的 JND 值较高，而在 500～1500Hz 频带上的 JND 值较低且变化不大。因此，当同时有两个双耳线索 ITD 和 ILD 存在（双耳时间差作为参考音，双耳强度差作为测试音）且频率处于 500～1500Hz 时，双耳对声源定位的感知较为敏感。

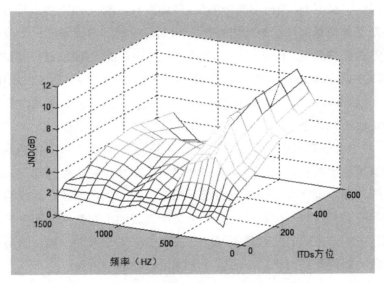

图 4.5　用线性插值得到的 ITDs 的 JND 曲面图

第 5 章　工作总结

在声源定位中，双耳线索 ITD 和 ILD 以及相关系数 IC 都是极其重要的空间参数，能够让人感知到音源在空间中的位置。而双耳时间差 ITD 和双耳强度差 ILD 的恰可感知差异值是对移动声源进行感知的重要依据。本篇通过一个改进的测听系统，让受试者在多个方位和频率上同时对双耳线索的 JND 值进行测试，再根据得到的实验数据生成 JND 值在方位和频率上的二维曲线图和三维曲面图，最后将它们和单个双耳线索 ILD 或 ITD 的感知阈值进行对比，从而分析两个双耳线索同时在声源定位感知效果上的影响。以下是本篇主要的研究工作：

（1）对当前的需求改进了一个基于 Windows 平台的自适应音频测听系统。之前实验室所使用的测听系统是基于单个双耳线索 ILD 的恰可感知差异值的测试进行设计的，而本篇所使用的测听系统是根据现在的需求所改进而成的。实验中所产生的测听音频信号是由测试音和参考音所组成的，而测试音和参考音又是改变正弦信号中各自不同的线索参数（ITD 或 ILD）所形成的，测试时所得到的某个线索参数的阈值都是由另一个线索作为测试值表达出来的。

（2）在不同的典型方位和多个频带上测量 ILD 和 ITD 的阈值。虽然当前许多学者在多个方位和频率上进行了双耳线索的恰可感知差异值测试，但这些实验都是将双耳时间差 ITD 和双耳强度差 ILD 分开进行的。而本篇所进行的实验是在多个方位和频带上同时对它们进行 JND 的测试，从而得到两个双耳线索在声源定位上的完整数据。

（3）对两个双耳线索测得数据进行作图和分析。本篇的两个实验是在不同方位和多个频率下测得的双耳强度差和双耳时间差的 JND 值，因此两个实验得到数据量较大，需要对这些数据进行比较深入的分析和总结。首先要根据两个双耳线索的 JND 值生成二维的曲线图，并分析两个双耳线索同时在声源定位上的影响，再与之前研究人员所测得的单个双耳线索（ILD 或 ITD）的阈值进行比较，得出两者在声源定位上的异同。最后通过插值法，生成一双耳时间差 ITDs 的 JND 值与方位和频率的三维曲面图，同时根据这一曲面图，得出当双耳时间差为参考音、双耳强度差为测试音时，双耳在声源的感知上与频率和方位之间存在的关系。

参考文献

[1]   R.G.Klumpp and H.R.Eady. Some Measurements of Interaural Time Difference Thresholds[J]. The Journal of the Acoustical Society of America, 1956, 28(5): 859-860.

[2]   A.W.Mills. Lateralization of High-Frequency Tones[J]. The Journal of the Acoustical Society of America, 1960, 32: 132-134.

[3]   WA Yost. Discriminations of interaural phase differences[J]. The Journal of the Acoustical Society of America, 1974, 55(55): 1299-303.

[4]   W.A.Yost and R.H.Dye. Discrimination of interaural differences of level as a function of frequency[J]. The Journal of the Acoustical Society of America, 1988, 83(5): 1846-1851.

[5]   JE Mossop and JF Culling. Lateralization of large interaural delays[J]. The Journal of the Acoustical Society of America,1988, 104(3 Pt 1): 1574-1579.

[6]   LR Bernstein and C.Trahiotis. Sensitivity to brief changes of interaural time and interaural intensity[J]. The Journal of the Acoustical Society of America, 2001, 109: 1604-1615.

[7]   T.Francart and J.Wouters. Perception of across-frequency interaural level differences[J]. The Journal of the Acoustical Society of America, 2007, 122: 2826-2831.

[8]   S.Corey and M.J.Goupell. Effect of mismatched place-of-stimulation on binaural fusion and lateralization in bilateral cochlear-implant users[J]. The Journal of the Acoustical Society of America, 2013,134(4): 2923-2936.

[9]   梁之安，杨琼华，林华英. 声源定位与声源位置辨别阈[J]. 声学学报，1966（1）：27-33.

[10]   Chen Shuixian, Hu Ruimin. Frequency Dependence of Spatial Cues and Its Implication in Spatial Stereo Coding[A]. International Conference on Computer

Science and Software Engineering[C], Wuhan:2008: 1066-1069.

[11] 胡瑞敏，王恒，涂卫平. 双耳时间差变化感知阈限与时间差和频率的关系 [J]. 声学学报，2014（6）：752-756.

[12] Christof Faller and Frank Baumgarte. Binaural cue coding—Part II: Schemes and applications[J]. IEEE Transactions on Speech & Audio Processing, 2003, 11(6): 520-531.

[13] DM Green. Psychoacoustics and Detection Theory[J]. Journal of the Acoustical Society of America, 1960, 32(10): 1189-1203.

[14] T.Painter and A.Spanias.Perceptual coding of digital audio[J]. 2000, 88(4): 451-515.

[15] L.Wiegrebe, M.Kössl, S.Schmidt. Auditory enhancement at the absolute threshold of hearing and its relationship to the Zwicker tone[J]. Hearing Research, 1996, 100(1-2): 171-180.

[16] I.Wilk, T.Matuszewski and M.Tarkowska. Evaluation of the pressure pain threshold using an algometer[J]. Fizjoterapia Polska, 1987, 42(10): 526-33.

[17] RL Wegel and CE Lane. The Auditory Masking of One Pure Tone by Another and its Probable Relation to the Dynamics of the Inner Ear[J]. Physical Review,1924, 23(2): 266-285.

[18] 王朔中，张新鹏. 数字音频信号中的水印嵌入技术[J]. 声学技术，2002，21(6)：66-73.

[19] B.Scharf.Fundamentals of auditory masking[J]. Audiology Official Organ of the International Society of Audiology, 1971, 10(10): 30-40.

[20] 谢志文，尹俊勋. 音频掩蔽效应的研究及发展方向[J]. 声学技术，2002(12)：4-7.

[21] DD.Greenwood. Auditory Masking and the Critical Band[J]. Journal of the Acoustical Society of America, 1961, 33(4): 484-502.

[22] 谢志文，尹俊勋. 同时掩蔽效应的实验研究[J]. 声学技术，2006，25(5)：446-451.

[23] E.Zwicker. Subdivision of the Audible Frequency Range into Critical Bands[J]. Journal of the Acoustical Society of America,1961,33(2): 248-248.

[24] D.M.Green. Analytical expressions for critical-band rate and critical bandwidth as a function of frequency[J]. Journal of the Acoustical Society of America, 1980, 68(5): 1523-1525.

[25] 宋倩倩，于凤芹. 基于 Hilbert-Huang 变换和听觉掩蔽的语音增强算法[J]. 声学技术，2009，28（3）：280-283.

[26] 朱丽，黄思远，湛金童. 心理声学模型中音调探测算法的改进[J]. 声学技术，2003，22（4）：273-275.

[27] E.Ambikairajah, A.G.Davis, W.T.K.Wong.Auditory masking and MPEG-1 audio compression[J]. Electronics & Communications Engineering Journal, 1997, 9(4): 165-175.

[28] J.Breebaart, J.Herre, C.Faller. MPEG Spatial Audio Coding / MPEG Surround: Overview and Current Status[R]. Preprint Conv.aud.eng.soc, 2005.

[29] B.M.Bcj. An introduction to the psychology of hearing[M]. General Information, 2010, 27(1): 3-10.

[30] J.Blauert and RA.Butler. Spatial Hearing: The Psychophysics of Human Sound Localization by Jens Blauert[J]. Journal of the Acoustical Society of America, 1985,77(1): 334-335.

[31] JC.Middlebrooks and DM.Green. Sound localization by human listeners[J]. Annual Review of Psychology, 1991 ,42(1): 135-159.

[32] FL.Wightman and DJ.Kistler. The dominant role of low-frequency interaural time differences in sound localization[J]. Journal of the Acoustical Society of America, 1992, 91(3): 1648-1661.

[33] WM.Hartmann and B.Rakerd. Interaural level differences: Diffraction and localization by human listeners[J]. Journal of the Acoustical Society of America, 2011, 129(4): 2622-2622.

[34] F.Christof and M.Juha. Source localization in complex listening situations: selection of binaural cues based on interaural coherence[J]. Journal of the Acoustical Society of America, 2004, 116(5): 3075-89.

[35] 黄帆，李晓峰. 用幅度矢量合成定位法改进 HRTF 的定位效果[J]. 电声技术，2007，31（1）：36-38.

[36] M.Matsumoto, K.Terada, M.Tohyama. Cues for front-back confusion[J].Journal of the Acoustical Society of America, 2003, 113(4): 2286.

[37] VR.Algazi, C.Avendano, RO.Duda. Elevation localization and head-related transfer function analysis at low frequencies[J]. Journal of the Acoustical Society of America, 2001, 109(3): 1110-1122.

[38] RD.Luce. Semiorders and a theory of utility discrimination[J]. Econometrica, 1956, 24(2): 178-191.

[39] L.Rayleigh and JW.Strutt. On our perception of sound direction[J]. Philosophical Magazine, 1907, 13(74): 214-232.

[40] G.Plenge. On the differences between localization and lateralization[J]. Journal of the Acoustical Society of America, 1974, 56(56): 944-951.

[41] AW.Mills. On the Minimum Audible Angle[J]. Acoustical Society of America Journal, 1958, 30(4): 237-246.

[42] DW.Grantham. Interaural intensity discrimination: insensitivity at 1000 Hz[J]. Journal of the Acoustical Society of America, 1984, 75(4): 1191-1194.

[43] B.Rafal, B.Eric, M.Jeff.The physics of optimal decision making: a formal analysis of models of performance in two-alternative forced-choice tasks[J]. Psychological Review, 2006, 113(4): 700-765.

[44] H.Levitt.Transformed up-down methods in psychoacoustics[J]. Journal of the Acoustical Society of America, 1970, 49(2): 467-477.

[45] T Kimura, M Endoh, N Taira. A chronology of interpolation: from ancient astronomy to modern signal and image processing[J]. Proceedings of the IEEE, 2002, 90(3): 319-342.

第三篇

双耳线索空间方位感知特性测量与分析

本篇摘要

为了获得逼真的 3D 音频效果，可以通过增加声道数量实现多声道数字音频系统。但是，声道数的增加伴随着音频数据量的增加，在存储容量有限，传输带宽受限的情况下，必然会降低对 3D 音频的重建效果。基于此，如何对多声道数字音频信号进行高效的编码，以便使用更少的码率来传输所需的数据成为 3D 音频研究的热点之一。

传统的音频编码技术是基于单个声道的独立编码，这种编码方式随着声道数的增加将造成带宽的浪费。基于双耳线索的空间音频编码技术采用下混技术对多声道原始信号进行处理，得到下混的单声道信号以及表征声音空间信息的空间线索，用于表征声源的方位和声像宽度，包括双耳时间差、双耳强度差和耳间相关度，可单独对其编码形成边信息进行信号传输。在接收端，解码器将下混的单声道信号还原为多声道信号，同时将边信息中的空间参数还原。可以看出，采用空间编码技术进行编码时，其数据量将远远小于原始信号的信息量，降低了对存储空间和带宽的要求，又因保留了表征空间信息的空间参数，利用多声道回放技术，可以保证输出音频的高质量。

利用双耳线索可以将声音的空间特性进行量化，相关学者也针对双耳线索感知特性进行了测量与分析，主要集中在对双耳时间差和双耳强度差感知灵敏度，即恰可感知差异值的测量。声音在三维空间中具有水平角、高度角和距离三种位置线索，理论研究表明双耳线索与声音的方位角 θ、头部半径 R 和声速 C 存在相关性。有关学者对水平方位上特殊角所对应的 ITD 与 ILD 值进行了测试，但是总体测试点选择较少，且缺乏系统的感知分析，因此必须做进一步的测试与分析。

基于此，本篇首先采用单频正弦纯音，利用人工头设备在消音环境中采集水平方位上 8 个频带的声音数据，建立测试音频样本库。基于空间心理声学设计测听软件，在低频段 8 个频率带上对双耳线索 ILD 和 ITD 分别取不同的值，测试在水平方位上的感知特性，参考 JND 的测试方法，获得双耳线索在水平面上方位角的恰可感知值（Just Notice，JN）。最后将所得的数据进行插值和拟合，得到双耳线索与方位角及频率的三维曲面和函数关系式。

关键词：双耳时间差；双耳强度差；空间音频编码；恰可感知值；水平方位角

第 1 章　绪论

1.1　研究背景及意义

自 2009 年美国好莱坞 3D 电影《阿凡达》全球公映以来，3D 影视作品如雨后春笋一般出现在各大影院。根据原国家新闻出版广电总局电影局的统计数据，截止 2016 年 12 月 20 日，中国内地银幕总数已达 40917 块，其中 3D 银幕占比高达 85%，3D 影视展现了强大的市场需求。3D 音频技术和 3D 视频技术作为支撑 3D 影视作品的两项核心技术近年来得到了快速发展。然而，与 3D 视频技术逐渐成熟的发展形成鲜明对比的是，3D 音频技术稍显落后，当前市场上主流的音频系统多数还是采用立体声和环绕声技术，这些技术缺乏三维音效的临场感以及沉浸感，观众在观看 3D 影视作品时，体验到的实际上是 "3D 视频+2D 音频"，达不到身临其境的视听享受。

为了还原声场的空间特性，可以通过构建多声道数字音频回放系统，增加声场的播放声道数，让听众达到身临其境的效果。例如由美国杜比实验室研发的杜比 7.1 环绕声（Dolby Surround 7.1），是在当前流行的杜比数码 5.1 格式的基础上增加两个分离式后置声道以提高音频的 3D 效果。声道数的增加尽管可以提高音频的空间感，但是同时也会带来数据量的激增。传统音频编码技术在针对多声道音频信号进行编码时，首先会将多声道信号分离为单个声道信号进行独立编码，可想而知，这种编码方式将会带来数据的大量冗余，降低编码效率。随着移动互联网以及家庭影院的发展，受存储以及带宽的限制，必须要对多声道音频信号进行高效的编码，舍弃冗余数据，降低编码的码率，提高传输效率。

空间音频编码技术采用下混技术将多声道信号转换为单声道信号，采用传统编码方式进行编码。该技术会提取空间参数表征声源位置，包括双耳时间差 ITD、双耳强度差 ILD 和耳间相关度 IC，并对空间参数进行独立编码形成边信息以利于传输。接收端收到传输信号后，解码器会根据边信息将下混的单声道信号还原为多声道信号。由于边信息中包含了空间参数信息，因此还原出的多声道信号最大限度地保持了原始信号的空间特性。由此可见，采用空间编码技术对声音信号进行编码减少了冗余数据，降低了对存储空间和带宽的要求，同时解码所获得的声音信号保持了较好的空间特性。有学者针对双耳线索的感知特性开展了研究，通过测量双耳线索的感知灵敏度，即恰可感知差异值去除空间参数的主观感知冗余。此外，三维空间中具有水平角、高度角和距离三种位置线索。有研究表明双耳线索与声源的方位角 θ，头部半径 R 和声速 C 存在相关性，对于这一特性，有关学者展开了测试，但是相关测试只是针对水平方位上的特殊角度，缺乏系统性和全面性的测试与分析。

综上所述，针对双耳线索的感知测试研究具有很强的理论依据。本篇对双耳时间差和双耳强度差在空间方位上的感知特性进行测量和分析。通过设计对应的声音采集装置采集在水平面上一定距离下不同角度的测试样本声音。此外，本篇基于空间心理声学设计了音频测听系统，对双耳线索 ILD 和 ITD 取不同的参考值在 8 个频带上分别进行测听，测量双耳线索关于水平偏向角的恰可感知值，并将测试得到的数据进行插值和拟合，获得双耳线索在水平方位上关于角度和频率的三维曲面及函数关系，为空间音频编码提供基础理论支撑。

1.2　国内外研究现状

在三维空间中，双耳时间差和双耳强度差主要作为水平方向上的声源定位线索。从声源发出声音通过传播、衰减到达人耳，人的左右耳接收到的声音将会产生差异。其中，声源在非人耳正前方发声时，因传播路径不同，到达双耳的时间是不同的，这一差异我们用双耳时间差 ITD 来描述。此外，声音到达头部时会对声音信号产生遮蔽作用，这将导致到达左右耳的声强也会产生差异，这一差异用双耳强度差 ILD 来表示。

根据双耳线索能够很好地进行声源定位。但是，人耳对双耳线索的感知具有一定的敏感度。在对双耳线索进行感知测试时，随着双耳线索值的改变，人耳并不能当即感知到这种变化，只有当这种变化达到一定的阈值，人耳才能有所感知，这一阈值我们称之为恰可感知差异值。有学者针对双耳线索的 JND 值进行了多方面的测试，包括声音的类型、声音的频率、声源的方位等影响因素。

1956 年，R.G.Klumpp 和 H.R. Eady 挑选 10 名测试者，针对 150～1700Hz 的窄带随机噪声、1ms 滴答声以及 1000Hz 纯音进行双耳线索 ITD 的 JND 值进行测试[1]。实验表明，窄带随机噪声的双耳线索 ITD 的 JND 的范围为 5～18 μs，平均值为 9μs；1ms 滴答声的双耳线索 ITD 的 JND 的范围为 7～23 μs，平均值为 11μs；1000Hz 纯音信号的 ITD 的 JND 的范围为 19～46 μs，平均值为 28 μs。

1972 年，Yost 选择频率为 250～4000Hz 两个正弦音组合为测试序列，两个正弦音的双耳时间差分别为 θ 和（$\theta+\Delta\theta$），通过改变 $\Delta\theta$ 的值，测试双耳线索 ITD 的恰可感知差异值[2]。实验结果表明，在一个波长周期里，当 θ 小于正弦音波长的一半时，JND 值伴随 θ 的增大而增大，当 θ 继续增大时，JND 值呈减小的趋势。当测试序列的频率小于 2000Hz 时，人耳对两侧的识别相较于正前方不敏感。实验还表明，当正弦音的测试频率大于 2000Hz 时，双耳时间差对声源的定位效果较弱。

1998 年，Mossop 选取高斯白噪声对双耳线索 ITD 的空间感知特性进行测试。实验通过改变 ITD 的值来模拟声源方位的改变，结果表明，在 0～700μs 区间内，随着 ITD 的增加，JND 值也在增加[3]。实验还证实，当 ITD 值继续增加至 1000μs 时，JND 的值伴随着 ITD 的增大而呈现急剧上升的趋势，若将 ITD 的值继续增加至 3000μs，ITD 的 JND 值保持相对平稳的状态。

2007 年，Francart 和 Wouters 利用窄带噪声对双耳线索 ILD 的 JND 值进行测试。实验选取 12 名测试者，通过对单声道声音信号的频率进行平移改变，测试人员左耳听到的是中心频率分别为 250Hz、500Hz、1000Hz、4000Hz 的测试音，右耳的输入信号在左耳音频频率的基础上分别移动了 0、1/6、1/3 和 1 倍频程[4]。实验结果显示，双耳线索 ILD 在四个频带上的 JND 值分别为 2.6dB、2.6dB、2.5dB 和 1.4dB，当进行信号频移后，此时的 JND 值会有不同程度的增大，且随着频移的程度加深，JND 值变化得更为明显。

针对双耳线索的感知特性的测试国内同样有很多研究。1966 年，中国科学院生理研究所的梁之安、杨琼华等人分别研究了 43 名及 60 名正常人的声源定位偏差及声源位置辨别阈。实验结果显示，当声源位于人的正前方时，双耳线索 ILD 的声源位置辨别阈平均值为 0.7dB，双耳线索 ITD 的声源位置辨别阈平均值为 28.5μs[5]。

2008 年，武汉大学陈水仙、胡瑞敏等人利用正弦纯音对 20～15.5kHz 频率范围内的双耳线索 ILD 和 ITD 的恰可感知差异值进行了测试与分析[6]。与以往不同的是，本实验根据频带划分将声音信号划分为 24 个频率带信号，同时将双耳线索 ITD 与 ILD 的值取为 0，此时音源对应人耳的正前方。以此测试方法，本实验挑选 16 名测听人员对 ITD 与 ILD 的 JND 进行测试。通过本实验得出的结论有：对于双耳线索 ILD，当频率大于 200Hz 小于 3700Hz 时，ILD 的 JND 值伴随着频率增加呈现下降趋势。然而在频率小于 200Hz 大于 3700Hz 时，ILD 的 JND 值呈现上升趋势。特别地，在高频段，JND 的上升趋势更加明显，呈现急剧上升的态势。对于双耳线索 ITD，其 JND 值在 3000Hz 以下较小，敏感性较高。但是在大于 3000Hz 的频率段，其 JND 值较大，敏感性降低。本实验在全频带对双耳线索的感知特性进行了测试，稍显不足的是，实验仅仅测试了一个方位（正前方）上的恰可感知差异值。

2014 年，武汉大学胡瑞敏教授选定 7 个离散的 ITD 测试值，采用 1 up/2 down 和 2AFC 的心理学测试方法，根据临界频带的划分方法，在低频段将宽带的高斯白噪声划分为 12 个频带，使用生成的窄带高斯白噪声对双耳时间差 ITD 的恰可感知差异值 JND 与时间差和频率的关系进行了测试与分析[7]。实验结果表明，双耳时间差 ITD 的 JND 值随频率的变化而变化，在频率为 500Hz 时其值最小；同时，随着 ITD 的值的改变，其 JND 值呈现相同的变化趋势。

大量的研究人员针对 ITD 以及 ILD 的 JND 感知特性展开了多方面的测试与分析，并取得了相当丰硕的成果。除此之外，相关学者还发现人耳对空间方位的感知具有一定敏感度。当不同方位的声音经空气传入人耳时，根据人耳的生理特点，存在一个声音方位的变化阈值，只有当声音的偏向角度大于这一阈值，人耳才能明显感觉到声音的方位变化，此阈值即为人耳对声音在空间方位上的恰可感知差异值[8]。相关学者针对空间方位的辨别阈值进行了大量的研究。

1936 年，Stevens 以水平方位上的声音为测试样本，测试人耳对声源的定位辨别阈值。测试结果表明，在水平面上，声源在正前方时，其辨别阈值平均为 4.6°，在人耳的两侧，其辨别阈值增大到 16°[9]。

1958 年，Mills 测试了水平面上正前方以及人耳两侧的声源辨别阈值，并提出用最小可听角（Minimum Audible Angle，MAA）定义人的听觉敏感度。Mills 选择的测试音频率为 500~3700Hz 内的 9 个不同频带。实验表明，水平正前方的声音在频率为 730Hz 时 MAA 值最小，最小值为 1°；在频率为 1800Hz 时，MAA

值最大，最大值为 3.1°；声源在人耳两侧时其 MAA 值较大，为 40°[10]。

2003 年，Grantham 利用人工头工具采集不同高度角下的声音测试高度角的 MAA 值，降低了环境对实验的影响[11]。实验表明，高度角为 0°时（水平面），其 MAA 值最小，最小值为 1.5°；高度角为 60°时，其 MAA 值随之增大，达到 2.8°；当高度角为 90°时（垂直面），其 MAA 值达到 6.5°。可以看出，随着高度角的增大，其最小可听角 MAA 值也随之增大。

以上研究说明人耳对空间方位角的感知存在敏感度。相关理论表明，双耳线索与声音的水平方位角、头半径、声速以及频率存在函数关系[12]。早在 1981 年，Yost 探究了水平方位上一些 ILD 值所对应的偏向角，Yost 分别选取 ILD 的值为 0db、9db 和 15db，实验表明此时的声源分别在人耳的中垂面、偏左 45°、偏左 90°（左耳）[13]。2003 年，Christof 和 Frank 提出双耳时间差和双耳强度差具有某种关系[14]。然而，这一提法并没有经过实验的验证。

综上所述，在探究双耳线索在水平面的定位效果中，学者们开展了广泛而深刻的研究。通过对双耳线索 JND 的测试揭示了双耳线索的感知特性与机理，而对三维空间方位角的感知特性的测试表明人耳对三维空间方位角感知具有一定灵敏度。然而，现有的直接针对双耳线索在水平方位上与偏向角的研究工作还比较少，相关的研究只是针对一些特殊的双耳线索值寻求其与偏向角的关系，缺乏对感知特性系统完备的探讨。因此，本篇将针对双耳线索的空间方位感知特性设计合理的实验，测试双耳线索与水平方位角的关系，通过对数据的分析，获得感知特性曲线，得到双耳线索与水平方位角的关系表达式，为进一步探究双耳时间差与双耳强度差的关系提供基础数据。

1.3　本篇研究内容

在针对双耳线索进行听音感知测试时，对于一个固定的双耳线索值，通过改变声源与人耳的偏向角度，人耳会感知到声源是逐渐向这一固定的双耳线索值逼近的。当角度变化到一定程度时，人耳感受不到两种声音的偏向差别，此值即为双耳线索关于水平偏向角的恰可感知值。本篇通过对双耳时间差和强度差水平偏向角的恰可感知值进行测量，分析双耳线索在空间方位上的感知特性，寻找双耳线索与水平方位角及频率的函数关系。

本篇的研究内容主要有：

（1）基于水平角的测试声音数据库采集。为了对双耳线索空间方位感知特性进行测量与分析，本实验利用人工头设备在消音环境下采集水平面上偏向人耳 0～90°的声音样本。数据经过预处理后可以作为测试音数据库支撑实验顺利进行。

（2）基于双耳时间差和强度差空间方位感知测听软件设计与实现。本实验基于 Windows MFC 设计了双耳线索的空间方位感知测试软件，对双耳时间差和双耳强度差与水平偏向角的感知关系分别进行测定。本实验提取双耳线索 ITD 与 ILD 作为参考音，将样本数据库的声音作为测试音，生成一组测试序列。通过对测试序列的测试，可以获得双耳线索与水平方位角的恰可感知值。

（3）对双耳线索空间方位感知特性测试数据处理。对测试所得数据首先要进行预处理与分析。针对低频段 8 个频带上不同双耳线索值的感知特性变化趋势进行分析，同时对双耳时间差和双耳强度差的恰可感知值与水平偏向角及频率进行曲面插值。最后，利用最小二乘法进行曲面拟合得到双耳线索关于水平偏向角及频率的函数逼近表达式。

1.4　本篇各章节安排

本篇共有五个章节，每章节的内容如下：

第一章为绪论部分，阐述了双耳线索空间方位感知特性的研究背景和意义、国内外研究现状和本篇研究内容。

第二章对空间音频编码技术进行了讨论。在本章中，首先介绍了传统心理声学模型，在此基础上对空间声源定位进行了讨论，结尾对空间音频编码技术进行介绍。

第三章详细介绍了双耳线索空间方位感知特性实验的设计与实现。本章首先介绍了测试音数据库采集与预处理过程，以及相关实验人员的筛选。然后，本章详细介绍了实验环境的搭建，测听软件的设计与实现。最后本章对实验涉及的心理声学测试方法及其实现步骤做了进一步的介绍。通过本章，可以对双耳线索在空间方位的感知特性进行较好测试，并获得最原始的测试数据。

第四章主要对第三章所得到的数据进行处理与分析。通过建立频率与水平偏向角的二维曲线图，分析双耳时间差和双耳强度差与水平偏向角的关系随频率改变的变化趋势。此外，本章还通过三次样条插值，分别获得双耳线索 ITD、ILD 与水平偏向角以及频率的三维曲面关系，对其空间方位感知特性做进一步的讨论。最后，本章采用最小二乘法对双耳线索与水平偏向角及频率进行数值拟合，分别获得双耳线索 ITD、ILD 和水平偏向角及频率之间的逼近函数。

第五章对全篇进行工作总结，对存在的问题进行分析并提出改进建议。

第 2 章　空间音频编码技术

2.1　引言

音频编码的实质就是降低冗余数据。在保证输出音频的质量的前提下，用最少的数据量来表示音频信号，去除不相干数据。根据编码的条件不同，可将音频编码技术可简单划分为三类，第一类依据 Shannon 三大定理，从统计学上对声音信号进行处理，没有考虑人耳对声音的主观感知特性；第二类以传统心理声学为基础，可将其定义为传统人耳感知音频编码。这一类利用人耳对声音在时域与频域上存在掩蔽效应，过滤声音被掩蔽的部分，将剩余的声音信息进行编码；第三类音频编码技术是以空间心理声学为基础，通过提取空间声源定位线索对其进行音频编码。空间音频编码将多声道信号下混为单声道信号，同时提取空间参数将其单独编码为边信息。相较于前两类编码技术，空间音频编码技术存储数据少，编码效率更高，在对多声道音频信号进行编码时，空间音频编码技术应用更为广泛。

2.2　传统心理声学基础

心理声学是一门研究听觉对人的心理及神经系统的影响的科学[15]。心理声学模型通过对人耳的感知特性的研究，在音频编码领域能够有效地去除人耳的感知冗余，提高音频编码的效率。常见的心理声学原理有听阈、掩蔽效应、临界频带。

2.2.1　听阈

人耳所能感受到的声音频率为 20Hz～20kHz，超过这一范围的声音被称为超声波，而低于这一范围的声音被称为次声波，这两种声音均不能被人所感知到。在一定频率下声音的振动幅度称之为声压，将不同频率下人耳恰可感知到的最小声压称为听阈[16]，用公式 2.1 表示：

$$T(f) = 3.64(f/1000)^{-0.8} - 6.5e^{-0.6(f/1000-3.3)} + 10^{-3}(f/1000)^4 \qquad (2.1)$$

其中，f 表示声音信号的频率。

人耳的听阈处在一定范围内，听觉的敏感度随声压的增大而上升，但是当声压超过一定阈值后人耳会感觉到疼痛，这一阈值称为痛阈[17]。图 2.1 展示了频率与听阈、痛阈的关系曲线。

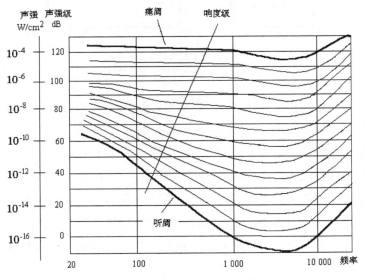

图 2.1 频率与听阈和痛阈关系曲线图

由图可知，人耳对 2k～5kHz 的声音信号较为敏感，其听阈值较小。在此频率范围两侧听阈值逐渐上升，人耳对声音的敏感度也逐渐减弱。同时，可以看出痛阈随频率的改变不明显。

2.2.2 掩蔽效应

所谓掩蔽效应是指两种强度不同的声音信号被人耳听觉系统感知时，较弱的信号被较强的信号影响而变得不可闻，或减弱了对弱信号的感知[18]。其中较强的声音信号被称为掩蔽声音（Maskingtone），而较弱的声音信号被称为被掩蔽声音。一般地，将掩蔽效应从时域和频域两个维度划分为频域掩蔽及时域掩蔽。

所谓频域掩蔽是指两个强度不同的声音同时作用时而产生的掩蔽效应[19]。图

2.2 是声音的频域掩蔽曲线图。

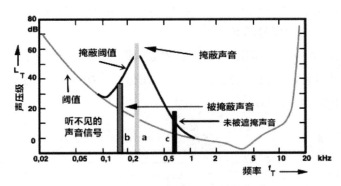

图 2.2　声音的频域掩蔽曲线图

图 2.2 一共展示了三个不同的声音信号，其中掩蔽声为信号 a，而被掩蔽声为信号 b，信号 c 未被掩蔽。信号 a 作为掩蔽音频率为 0.3kHz，声压级为 65dB，其产生的掩蔽阈值覆盖了信号 b 的声压级，因此信号 b 被掩蔽。信号 c 尽管声压级小于信号 b，但是由于信号 c 的频率高于信号 a，其声压级大于信号 a 的掩蔽阈值，因此，信号 c 未被掩蔽。由此可见，在频域中，强音容易将其附近的弱音掩蔽；但是当弱音的频率与强音的频率相差较大时，弱音将不容易被掩蔽[20]。

掩蔽声与被掩蔽声不在同一时刻出现时产生的掩蔽效应称为时域掩蔽[21]。时域掩蔽是一种弱掩蔽效应，这种作用会随着时间的增加而加速衰减，其产生的主要原因是人脑需要一些时间处理传入人耳的声音信号。图 2.3 展示了声音的时域掩蔽图，从图 2.3 中可以看出，时域掩蔽有超前掩蔽、同时掩蔽、滞后掩蔽三种情况，在-60～0ms 时间段，掩蔽声音尚未产生掩蔽效应，这段时间称为超前掩蔽。而当掩蔽声音产生掩蔽效应之后的一段时间，例如图 2.3 中的 0～160ms 内，则称为滞后掩蔽。此时的掩蔽声音已经结束，但是掩蔽效应没有立即消失，产生了滞后性。

2.2.3　临界频带

声音经过人耳将信号传入人脑，人脑对不同频率的声音具有不同的分辨率，临界频带[22]将声音信号在频率上分段，具有相似声学效果的声音段被划分在同一个频带段内，同一个频带段内的声音被人耳感知无差异，其中每一个临界频带都有一个中心频率，将中心频率包含在一定范围内的频率段构成了临界频带。公式2.2 表达了临界频带和频率的函数关系[23]：

$$CB = 25 + 75(1 + 1.4f^2)^{0.69} \qquad （2.2）$$

其中，f 为中心频率，单位 kHz，CB 表示带宽。

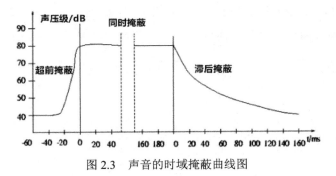

图 2.3　声音的时域掩蔽曲线图

将公式 2.2 稍作改变，采用 Bark 度量临界频带的感知，有公式 2.3 表征 Bark 与频率的函数关系[24]：

$$Bark = 13\arctan(0.76f) + 3.5\arctan(f/7.5)^2 \qquad （2.3）$$

利用公式 2.3 对全频带上的声音信号进行 Bark 划分，每一个临界频带具有不同的频带宽度，总共包含 24 个临界频带，见表 2.1。

表 2.1　24 个临界频带的划分

编号	中心频率（Hz）	频带宽度（Hz）	编号	中心频率（Hz）	频带宽度（Hz）
0	50	0～100	12	1850	1720～2000
1	150	100～200	13	2150	2000～2320
2	250	200～300	14	2500	2320～2700
3	350	300～400	15	2900	2700～3150
4	450	400～510	16	3400	3150～3700
5	570	510～630	17	4000	3700～4400
6	700	630～770	18	4800	4400～5300
7	840	770～920	19	5800	5300～6400
8	1000	920～1080	20	7000	6400～7700
9	1170	1080～1270	21	8500	7700～9500
10	1370	1270～1480	22	10500	9500～12000
11	1600	1480～1720	23	13500	12000～15500

表中频带宽度随着频率的增加逐渐增大，在低频段（小于 5000Hz），频带宽度在 100～1000Hz 之间；在高频段（大于 5000Hz），频带宽度较大（大于 1000Hz），并且这一变化速率随着频率增加而变大。可想而知，若两个信号处于相近的频率段内，将会发生掩蔽效应，这种掩蔽效应就是临界频带划分的理论依据。采用纯音对表 2.1 的频带划分进行遮掩分析，从图 2.4 中得到的结论是：处于高频段的声音容易被低频段的声音掩蔽，而位于低频段的声音不易被高频段的声音掩蔽[25]。

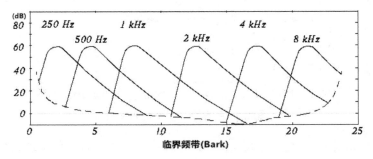

图 2.4　Bark 掩蔽曲线图

2.3　空间声源定位

空间声源定位通过提取双耳线索，用于表征音频信号的空间方位线索，利用声音的空间定位线索结合人耳的感知特性实现对空间中的声源进行定位效果[26]。空间声源定位主要被应用于空间音频编码中，实现对空间音频信号的高效传输及保真。

2.3.1　双耳线索

双耳线索包含双耳强度差和双耳时间差[27]，这两种线索是对空间中水平方位进行定位的重要线索。理论研究表明，空间中任意点声源发出声音传入人耳，因声源距离人左右耳的传播距离不同，因此在声音空间中传播具有时间差。除此之外，声音信号达到人耳后，因人耳独特的耳廓结构，导致声音在耳廓中出现衍射，人耳听到的声音实际上也会产生一定的时间差。双耳强度差主要是由于声音信号在传播过程中会穿过人的头部到达左右耳，因人头部的遮蔽效果从而产生强度差。

将以上理论用下图 2.5 表示，声源分别位于 A、B、C 处，A 处声源置于人头正前方，此时声音信号到达人耳的时间和强度相同，随着声源向左耳移动，B 点声源传入人耳时，因传播距离及人头部的遮蔽效果，左右耳接受到的声音强度和时间均不同。C 点是特殊点，此时的声源位于人的左耳处，此处发出的声音右耳几乎接收不到，人明显感知到的声音位于左耳处。

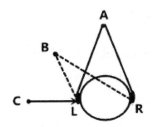

图 2.5　不同声源传播图

2.3.2　双耳线索的共同作用

双耳时间差和双耳强度差共同用于声源的定位，它们之间存在一定的补偿关系。在一定限度内，双耳强度差可以对双耳时间差进行适量的补偿。图 2.6 是双耳时间差和双耳强度差的补偿关系图。

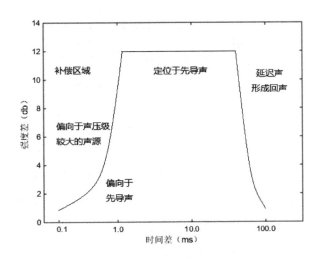

图 2.6　双耳时间差和强度差的补偿关系图

从图 2.6 可以看出，当双耳时间差大约小于 670μs 时，双耳强度差可对双耳时间差进行补偿。但是，当双耳时间差在 670μs～30ms 内时，双耳强度差对其补偿不明显，此时先导声的方向即是人耳对声源的定位。而当双耳时间差大于 30ms 时，延迟声将会产生回声。这说明，双耳时间差和双耳强度差可以单独进行空间定位，且在统一的声压级下，当时间差大于 670μs 时，听觉会定位在先导声。

2.3.3　椎体混淆与耳廓效应

利用双耳时间差和双耳强度差进行空间声源定位只能对水平面上的声音有较好的辨别效果，这是因为当声音从上下或者前后传播时，人耳在进行定位时会产生椎体混淆（Cone of Confusion）[28]。

图 2.7 展示了椎体混淆现象的发生机理，图 2.7 中声源 A 和声源 B 分别位于人头平面的上部和下部，根据几何关系这两点具有对称性，到达人左右耳的距离相同，因此人耳无法对这两点进行定位。声源 C 和声源 D 分别位于人头的正前方和正后方，尽管两个声源与人耳位于同一平面上，但是，人耳对该处的声音信号感知到的特性相同，因此也无法对其进行定位。

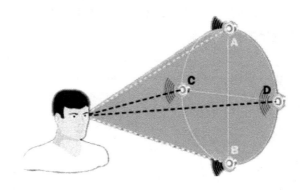

图 2.7　锥体混淆效果图

1930 年，Wever 和 Bray 以猫作为实验对象，发现当声音刺激时，从耳蜗引导出与刺激声振动频率和波形一致的电位变化，该现象称为耳廓效应[29]。当不同方向的声音进入人耳，由于耳廓的各部位形状不一，和耳道距离也不同，因此，耳廓对声音的反射也不同，耳道各部位对声音有不同的延迟。当这种延迟声互相叠加产生干涉，耳廓对声音起到梳状滤波作用，利用这种特性，人耳可以对不同方位的声音实现定位。

2.4 空间音频编码

空间音频编码将多声道信号下混为单声道信号，同时提取音频信号的空间线索将其编码为边信息，音频信号在传输过程中只有下混的单声道信号以及边信息，因此大大降低了数据的传输量，极大地提高了编码效率，降低了存储空间。在解码端，解码器将下混的和信号结合边信息进行解码，进而得到原始的多声道信号。图 2.8 展示了 BCC 编码和解码这一过程。

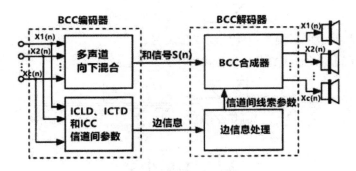

图 2.8　BCC 编码器与解码器

图 2.9 展示了下混技术的实现过程，简单来说，下混技术首先会对原始音频信号进行频带划分，将能量相近的子带信号进行聚类做数学相加，然后再对子带信号进行增益进而合成下混的单声道信号。

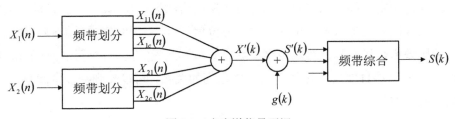

图 2.9　多声道信号下混

公式 2.4 是对图 2.9 多声道信号下混技术的数学表达：

$$\sum_{i=1}^{2} P_{x_i}(k) = g^2(k) p_{x'}(k) \qquad (2.4)$$

其中，$g(k)$ 为增益系数。

对空间线索的提取包含双耳时间差 ITD、双耳强度差 ILD 和耳间相关性[30]，其中耳间相关性用于表征声音的宽度，实际提取是先在多声道的时频上进行频谱划分，从划分后的子带中提取线索。

（1）双耳强度差 ILD 的提取公式如下：

$$ILD = 10\log_{10} P_{x_1(t)}^2 / P_{x_2(t)}^2 \tag{2.5}$$

其中，$P_{x_1(t)}$ 和 $P_{x_2(t)}$ 分别表示输入信号 $x_1(t)$ 和 $x_2(t)$ 所带的能量。

（2）双耳时间差 ITD 的提取。双耳时间差 ITD 的算法较复杂，在实际编码中一般采用声道相位差 IPD 近似代替双耳时间差，公式如下：

$$\phi_{x_1 x_2,b} = \sum_k \sum_{m \in b} x_{1,m}(k) x_{2,m}^*(k) \tag{2.6}$$

其中，k 表示频率编号，m 代表子带编号。

（3）耳间相关性 IC 的提取公式如下：

$$IC_{x_1 x_2} = \frac{\left| \sum_k \sum_{m \in b} x_{1,m}(k) x_{2,m}^*(k) \right|}{\sum_k \sum_{m \in b} x_{1,m}(k) x_{2,m}^*(k) \sqrt{\sum_k \sum_{m \in b} x_{1,m}(k) x_{2,m}^*(k)}} \tag{2.7}$$

2.5 本章小结

本章主要介绍了空间音频编码技术。首先对心理声学进行探究，内容包括听阈、掩蔽效应、临界频带。本章还通过对双耳线索及耳廓效应的讨论，对空间声源定位的原理进行了分析，解决了空间声源定位时的锥面模糊问题。基于心理声学和空间声源定位线索，本章详细讨论了空间音频编码技术。空间音频编码技术通过对双耳线索的提取表征空间声源的方位信息，将空间线索单独编码为边信息，提高编码效率，进而降低传输数据。通过对双耳线索空间方位感知特性的研究，探讨双耳时间差 ITD 与双耳强度差 ILD 之间的关系，可以起到减少空间参数，提高编码效率的作用。

第 3 章　双耳强度差和双耳时间差

空间方位感知特性测试

3.1　引言

双耳线索 ITD 和 ILD 主要对水平方向上的定位起决定作用[31]。多年以来，针对双耳线索感知特性的测试层出不穷。有学者针对双耳线索感知具有敏感度这一特性，设计了针对双耳线索恰可感知差异值的测试方案。所谓恰可感知差异值即为感知阈值，当对双耳线索值进行改变时总有一个值使人耳恰好能感受到声源方位的变化，此值与起始值的差值即为感知阈值，其值越小说明人耳感知越敏感，反之越不敏感。

既然双耳线索可以对水平方位上的声源进行定位，那么针对双耳线索在水平方位上的感知特性进行测试与分析具有合理性。然而针对双耳线索本身设计恰可感知差异值的测试是可行的，因为改变的双耳线索值与初始值的差值是可以量化计算的。但是双耳线索在空间方位上的感知特性却不完全与此相同，通过建立水平方位上的测试音数据库可以寻找双耳线索与水平偏向角的感知关系。因两者没有统一的量化指标，不能找到其对应的恰可感知差异值，但是双耳的感知特性可以获得双耳线索 ITD 和 ILD 与水平偏向角的恰可感知值，此值通过水平角这一指标量化双耳线索改变时所对应音源变化的临界值，对多个 ITD/ILD 的恰可感知值进行测试可以获得双耳线索与水平偏向角的感知曲线。

本章设计实验对双耳线索 ITD 以及 ILD 空间方位感知特性进行测试。通过双耳线索的提取规则设计程序生成 ITD 与 ILD 对应不同方位的参考音，同时设计实验环境采集水平面上不同角度的声音样本作为测试音。本章还基于 1 up/2 down 和 2AFC 的心理学测试方法设计了专业的测听软件，利用此测听系统对双耳时间差和强度差进行空间方位感知特性的测试实验，最终获得双耳线索的原始恰可感知值。

3.2　测听人员筛选

本实验测试地点为国家多媒体软件工程技术研究中心武汉轻工大学音/视频测试实验室。为了更好地还原输出音频信号，本实验采用外置声卡接专业的测试耳机，每名测听人员佩戴头戴式耳机在计算机上独立完成测试。表 3.1 列出了测试时所采用设备信息。

表 3.1　测试设备一览表

设备	参数
处理器	Intel Core i5-4590，3.30GHz
显卡	Intel(R) HD Graphics 4600
外置声卡	Creative Labs No.SB1240
操作系统	Windows 10，64 位
耳机	Sennheiser HD380 Pro
相关软件	Visual Studio 2005，Audition 3.0，MATLAB 2014a

为保证测试结果的准确性，本实验在开始之前会针对测试人员进行筛选。

首先测试人员会通过医院进行听力检查，并出具相关证明保证听力正常。以上仅仅是对测试人员的生理检查，由于实验原理具有一定的复杂性，因此还必须对测试人员进行测试前的培训，同时对测试人员进行测试训练，对不符合测试要求的人员进行甄别。

在听音训练阶段，程序会生成一组测试音序列，该序列包含了两段声音，分别为参考音和测试音。因本篇是针对双耳线索 ITD 与 ILD 的感知测试，实际上应包含两组实验，因此，听音训练也包含对双耳线索 ITD 与 ILD 的训练。以双耳时间差 ITD 为例，参考音根据 ITD 的提取规则生成，实际训练时取 ITD 的值为 0μs，根据有关学者的研究，此时的值位于双耳的正前方。在音频测试数据库中选择测试音，文件名为 450.wav，表示水平偏向角为 45°，显然，测试音位于参考音的左侧。将参考音与测试音组成一组测试序列随机播放，设置两种声音的播放间隔为 500ms，由测试人员选择听到的两段声音中更偏向左侧的那一段，将选择结果与实际偏向相比较，记录当前选择正确与否。测听次数的上限设置为 40 次，假设当前测听次数为 num，取出与 num 最近的 10 次测听记录（num>10），计算这 10 次测听的正确率，若正确率大于80%，则表明测试人员可以辨别基本的声音方位，通过训练。否则，如果实际测听次数超过50次，说明训练失败，建议重新进行训练。

双耳强度差ILD的训练过程与此类似，只需注意将参考音的值取为0dB，生成对应的测试序列，这里不再赘述。通过听音训练，不仅可以对测试人员的辨音能力进行测试筛选，还可以让测试人员提前熟悉测试环境，包括声音的播放特性、选择的间隔时间，更好地适应实际测试时的测听节奏。此外，因为实际测试时测试时间较长，必要的测听训练也是对测听人员的耐性以及心态的测试。

经过以上筛选，本实验最终共有7名人员参与测试，其中四男三女，年龄范围是19至25岁，皆为武汉轻工大学在校本科生以及研究生。

3.3　参考音选择

参考音即为待测的双耳线索ILD及ITD的值。根据研究人员对最小可听角测量后得到的结论，人耳对水平面上正前方的音源最敏感，随着水平面上的角度增大，双耳越来越不敏感。因此，本篇在选取ITD与ILD的参考音时，其值越大间隔越大。当双耳线索ITD作为参考音，取值分别为：0μs、100μs、200μs、350μs、500μs、650μs。当双耳线索ILD作为参考音，取值分别为：0dB、3dB、6dB、9dB、12dB、15dB。

音频信号的频率也会影响双耳线索的感知特性。在全频带上，双耳时间差在频率小于1500Hz时对水平面的定位起作用；当频率大于800小于1500Hz时，双耳时间差和双耳强度差将会共同起作用。此外，根据临界频带的定义，人耳在感知不同频带上的声音时，对一定宽度上的频带的声音感知效果是相同的，此时可以用该频带的中心频率表征这一频段。本实验依据巴克频带划分，在低频段选取其中的八个频带进行听音测试，这八个频带的中心频率分别是：350Hz、450Hz、570Hz、700Hz、840Hz、1000Hz、1170Hz、1370Hz。

3.4　测试音数据库建立

3.4.1　音频采集装置设计

现场测听方法是通过设计测听环境，人在现场进行逐一测试的。采用这种测试方法对测听环境要求较高，实际操作较难，同时受环境限制，同一时刻只能有一名测试者进行测试，其测试效率较低。为此，本篇设计了空间方位角的声音采集装置，利用此装置可将水平面上不同方位角的声音采集并保存，通过声音播放设备播放就可以达到随测随走，提高了测试效率。此装置如图 3.1 所示。

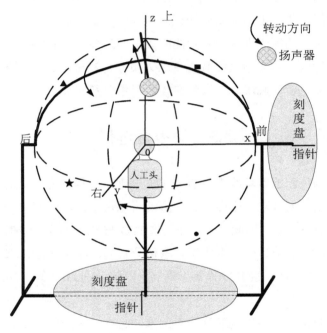

图 3.1　空间方位角声音采集装置

本装置为一不封闭球体，球体中心放置一人工头设备，该设备与计算机相连，用于将接收到的声音信号转化为音频文件保存。经过球体的上顶点和下顶点共有四条半圆形的弧，这四条弧可移动，将球体分割为四部分。扬声器固定在这四条弧上，通过改变扬声器的位置，可以控制声源播放时的高度；通过改变这四条弧的位置，可以改变声源相对于人工头的方位角。在与水平面平行且过球心的大圆的边上标明了刻度，用于控制方位角的精度。

该声音采集装置实际的实验环境如图 3.2 所示。本环境为消音室环境，人工头处于球体中心，人工头的大脑中心与固定在球体外表面上的扬声器在同一高度上，据测量，其均为离地 1.43 米。此装置外侧有一弧线，该弧线构成的大圆过球心，且与水平面平行。研究表明，当声源位于人耳的水平面正前方时，人耳对声源的最小可听角平均为 2°，且其 MAA 值随着声源向左耳移动也在逐渐增大[32]。基于此，本装置将弧线上的刻度精度设置为 1°。扬声器固定在外侧经线上，可调节上下高度，同时，经线可根据外侧弧线上的刻度左右调节。人工头距离扬声器的直线距离为 1.55 米，经测试，扬声器由此播放的声音可正常传入人工头进行录制。

图 3.2　空间方位角声音采集环境

3.4.2　音频采集与预处理

采集之前应将人工头固定于球体装置中心，且保证外侧弧线上的 0 刻度值处于人工头的正前方。图 3.3 是通过扬声器播放的原始声音波形。该声音为单声道正弦纯音，由 Audition 3.0 生成。采样频率为 44.1kHz，采样精度为 16bits，总共生成 8 个频带，其中心频率分别为：350Hz、450Hz、570Hz、700Hz、840Hz、1000Hz、1170Hz、1370Hz。为降低环境对采集的影响，设置每个频带声音播放时长为 1 秒钟，便于截取录制时干扰小的音频信号段。

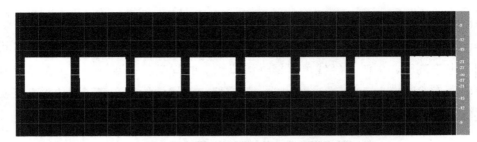

图 3.3　原始声音波形图

音频录制时，扬声器与人工头处于同一平面上，上述音频信号经扬声器播放后传入人工头，人工头测听到音频信号后，将数据传入计算机设备并保存为 WAV 格式。通过改变扬声器所在经线的位置，将上述音频信号从人工头的正前方（水平角 0°）开始播放，以 1°为调整精度向人工头的左侧偏移，录制声源从 0°至偏左 90°的测试音数据库。

上述音频测试数据库共包含 8 个频带、90 个偏向角度的音频信号。对该数据库进行预处理，首先将这 8 个频带分离开来，选取每个频带上录制干扰小的部分，从中截取 300ms 保存，将截取后的音频信号经过低通滤波去除底噪干扰。处理后的测试音数据库将分别保存 8 个频带的采集音，每个频带下含有 90 个音频文件，命名规则为 0.wav、10.wav、20.wav、....、900.wav，即为将采集时对应的水平偏向角度乘 10，表示声源位于水平偏向角 0°至 90°时的采集声音。

3.4.3　测试音选择

本篇中的测试音基于自建的测试音数据库。根据已有的研究，双耳线索 ITD 值为 350μs，ILD 值为 9dB 时，分别对应水平方位角大致为偏左 45°。因此，在进行测试音选择时，为了缩短测试周期，测试音初始值从一个极大偏向角开始逐渐向人耳正前方逼近。当双耳线索 ITD 分别取 0μs、100μs、200μs 时，测试音初始值为水平面上偏左 45°采集到的声音；当取值分别为 350μs、500μs、650μs 时，测试音初始值取声源为人耳的左侧方位（偏左 90°）采集到的声音。ILD 测试音的选取与此类似，当参考音分别取 0dB、3dB、6dB 时，测试音初始值为水平面上偏左 45°采集到的声音；当取值分别为 9dB、12dB、15dB，测试音初始值取声源为人耳的左侧方位（偏左 90°）采集到的声音。

3.5 音频测试序列的制作

本实验共包含两大组，针对双耳线索 ITD 与 ILD 空间方位感知特性分别进行测试，其中每大组实验需要对六个参考音、八个频带进行测试，因此，实验将根据参考音生成 2×6×8=96 个不同的测试序列分别进行测试。每一个测试序列包含两段时长为 300ms 的音频信号，分别为参考音和测试音，其中，参考音是待测音，实验中将保持不变，通过改变测试音的值组合成新的测试序列进行测试。在实际测试中，两段音频信号将随机播放，中间间隔为 500ms，因此，测试序列总时长为 1.1s。播放完毕后，测试人员根据听到的测试序列，在 1s 内做出主观判断，选择偏向人耳左侧的一段音频信号。

实验一针对双耳线索 ITD 空间方位感知特性进行测试。根据双耳线索 ITD 的提取规则，参考音以图 3.3 展示的八个频带上的原始音频信号为基础音。首先将该单声道信号复制为双声道信号，通过改变左右声道音频播放的时间延迟，调整双耳线索 ITD 的值，ITD 参考音可供选择的值有 0μs、100μs、200μs、350μs、500μs、650μs。图 3.4 展示了当频率为 1000Hz、双耳线索 ITD 参考音为 100μs 时的测试序列图。由该图可以看出，该测试序列包含参考音和测试音，总时长为 1.1s，在参考音和测试音的播放中间有 500ms 的停顿。在参考音右声道有 100μs 的时间延迟，在实际测听时，测试人员可以感知到声音是偏向人耳的左侧的，而测试音实际是由测试音数据库中选取的水平偏左 45°角的声音。

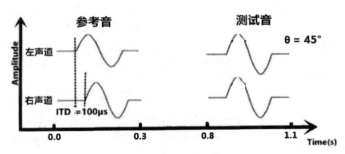

图 3.4 实验一频率为 1000Hz，ITD=100μs 测试序列示意图

实验二针对双耳线索 ILD 空间方位感知特性进行测试。同样地，依据 ILD 的提取规则，参考音将基础音复制为双声道信号，通过改变左右声道的声强比，增

大左声道的声强，分别取 ILD 为 0dB、3dB、6dB、9dB、12dB、15dB。图 3.5 是频率为 1000Hz、ILD 参考音为 3dB 时的测试序列图。

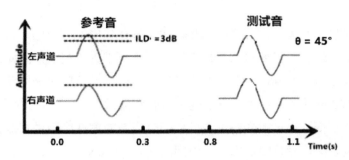

图 3.5　实验二频率为 1000Hz，ILD=3db 测试序列示意图

3.6　基于 MFC 对话框的测听系统设计与实现

3.6.1　引言

本测听系统基于微软基础类库（Microsoft Foundation Classes，MFC）设计实现。MFC 是微软公司开发的图形化界面语言，作为 Windows 编程类库，其包含 200 多个类，支持 Windows 编程中所有的函数、控件、消息、菜单以及对话框。对话框程序是 Windows 编程中一个常见组件，利用 MFC 可以很方便地创建对话框程序，与一般组件创建过程类似，MFC 程序通过调用类库中的类创建对话框对象，图 3.6 展示了 MFC 框架应用程序与类库中的对象之间的关系。

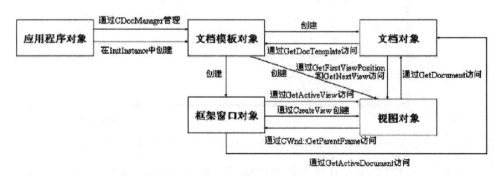

图 3.6　MFC 框架应用程序与类库中的对象关系图

3.6.2　系统功能设计

（1）选择实验组别。本测试共有两个，分别是双耳时间差和双耳强度差。因此，系统应向测试者提供选择实验组别的功能，以示区分。

（2）选择测试频率。本实验共针对八个频带对双耳线索进行测试，测试人员应能够对测试频率进行方便的选择。

（3）训练功能。在正式的测试之前需要对测试人员进行训练，训练不合格者将不能参与测试。

（4）播放测试序列功能。此功能将音频信号以一组序列的形式播放，供测试人员判断并选出靠近人耳左侧的音频段。

（5）保存测听结果。测试人员在做出主观判断后应能够对其判断进行保存。

3.6.3　系统模块设计

（1）测试条件预设模块。该模块实现对测试组别的选择、参考音及测试音的初始化，同时对待测的频带的预设。

（2）训练模块。通过该模块实现对测试人员的训练功能。

（3）音频测试序列生成模块。该模块生成一组测试序列供系统播放。

（4）测听结果保存模块。通过该模块可以对每名测试人员的测试结果进行分别保存。

3.6.4　系统实现

本系统基于 MFC 对话框程序，系统主界面如图 3.7 所示。主界面的设置区包含一个文本框和下拉列表框，文本框用于输入测试人员的姓名；下拉列表框提供测试频率，测试人员可据此选择当前测试频带。在测试区，系统包含一个播放按钮用于播放测听序列，此外还有一个单选按钮，测试人员可以选择测听序列中偏左的音频段。

（1）测试条件预设。测试条件在系统文件（.ini）中设置，系统通过对该文件的读取获取预设值。图 3.8 展示了测试条件预设文件。

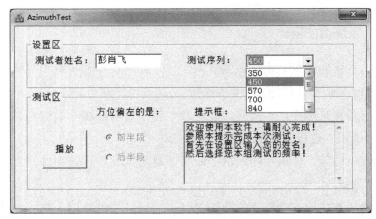

图 3.7 系统主界面

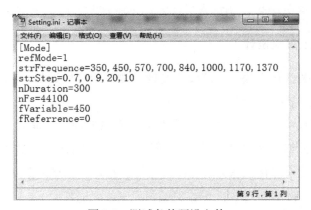

图 3.8 测试条件预设文件

图 3.8 中各个参数含义如下：

- refMode 表示参考音生成类型。若 refMode=1，系统将会生成双耳强度差的参考音；若 refMode=2，系统将会生成双耳时间差的参考音。

- strFrequence 保存需要测试的频带，本篇选取八个频带进行测试。

- strStep 为测试音变化因子，用于改变测试音的值。

- nDuration 为参考音及测试音的时长，单位为 ms。nFs=44100 表示音频采样频率。

- fVariable 为测试音的初始值，450 对应水平面上偏向左耳 45°角。

- fReferrence 为待测双耳线索的值，该值用于生成不同的参考音。

（2）音频训练。系统在第一次运行时将默认进入训练模式，图 3.9 为训练模式界面，可以看出"测试序列"下拉列表框默认为"训练"。当训练通过，系统会进入测试阶段。

图 3.9　系统训练界面

（3）音频测试序列生成。音频测试序列包含参考音和测试音，其中参考音包含双耳时间差和双耳强度差，系统根据预设的参考音值读取当前选中的频率，根据其生成规则生成参考音，同时根据测试音预设值读取测试音文件数据库中的对应的测试音文件。系统将参考音和测试音随机组合，两者之间保持 500ms 的停顿，以此生成一组测试序列。

（4）测试序列播放。测试人员点击"播放"按钮，系统将会按照生成的测试序列播放，因为生成时是随机的，因此播放时也是随机的。

（5）测试结果保存。测试序列播放后，测试人员需要在 1s 中之内选出方位偏左的音频段，选中对应的单选按钮。此时，系统会将结果保存，保存方式为系统向 Excel 文件中写入判断信息。

3.7　实验方法及步骤

3.7.1　实验方法

为了更好的仿真人的主观听音特性，本实验采用自适应心理学测试方法 2AFC [33] 和 1 up/2 down [34]。

2AFC 即为强迫性二选一方法。在测试开始后，系统会生成一组测试序列随机播放，该测试序列包含一段参考音和一段测试音。此方法要求测试人员在听到测试序列后，在 1s 内做出主观判断，选择更靠近人耳左侧的音频信号。在实际测试中，会出现来不及做出判断的情况，此时系统会重新生成一组测试序列进行重新测试。

本实验采用的 1 up/2 down 是基于自适应的心理学测试方法。该方法将一组测试细分为多轮实验，每一轮实验之间具有一定的关联性，上一轮实验的结果将会影响下一轮实验的取值。采用此方法进行音频测试时，测试人员首先根据生成的测试序列进行测听并做出主观判断。若测试人员有连续两次判断正确，则测试音将会根据设置的步长减小，即向参考音逼近。如果测试人员有一次判断错误，此时系统同样将会根据设置的步长增大测试音的值，使测试音远离参考音。将上述每一次增大和减小的过程称之为反转，原则上反转次数越大，测得的结果也更加精确，考虑到本实验是人工实验，时间成本较大，因此，本实验设置的反转次数总共为 12 次。在经过 N（$N<12$）次的反转后，测试音将会逐渐逼近参考音，并最终保持平稳状态，直到与参考音无限接近为止。

图 3.10 是 1 up/2 down 自适应心理学测试方法示意图。从图 3.10 中可以看到，实验中总共有 12 次反转，测试值由初始值 200 经历 12 次反转后最终降到 50，其中从第 5 次反转开始，测试值逐渐趋于平稳，上下浮动较小。根据主观判断的结果，当测试人员连续两次判断正确时，测试值将减小，对应图 3.10 的 T1 反转点，此时的测试值由 200 减小到 100，反之，若测试人员有一次判断错误，测试值将会增加，图 3.10 的 T2 即是由此变化而来。当达到 12 次反转时，测试结束。

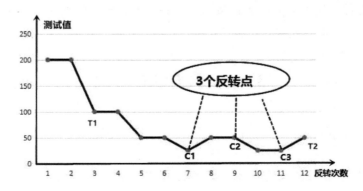

图 3.10   1 up/2 down 自适应心理学测试方法示意图

所谓 1 up/2 down 是当测听人员连续两次猜对或者有一次判断错误时，系统会根据预设的改变规则改变待测值的方法。之所以选择这种方法，是为了保证结果的正确性，同时降低实验复杂度。除此之外，自适应心理学测试方法还有很多，例如 1 up/1 down、1 up/3 down。若采用 1 up/1 down 进行测试，随机性太大，测试人员完全可以随机选择，最终使测试的结果不准确；而 1 up/3 down 需要测试人员连续 3 次判断正确才会减小测试值，这无疑将会给实验带来很大的时间成本，同时也给测试人员的耐心带来了极大的考验。因此本实验综合考虑，选择了 1 up/2 down 的方法，简化测试复杂度，同时保证测试的正确率。

3.7.2　实验步骤

本实验使用 3.6 节设计的测试系统展开双耳线索 ITD/ILD 的空间方位感知测试。图 3.11 是实验的流程图，定义参考音为 S_{ref}，测试音为 S_{test}，测试音的变化步长为 S_p，具体实验步骤有：

Step1：配置测试实验参数。该步骤在参数文件中完成，包括对实验组别区分，参考音 S_{ref}，测试音 S_{test} 初始化，测试频率的设置。

Step2：判断当前是否处在训练阶段，若不是，则跳转至 Step3；若是，根据参考音和测试音初始值生成一组测试序列，随机播放，测试人员选择靠近人耳左侧的音频段，并统计训练总次数 Sum 和判断正确的次数 Correct。当 Sum>10 时，计算最近 10 次训练的正确率 P（P=Correct/10），若 P>80%并且训练总次数小于50 次，则训练结束，跳转至 Step3。若训练总次数 Sum>50，训练失败，退出实验。

Step3：本步骤为音频正式测试阶段。由参考音和测试音生成一组测试序列随机播放，测试人员据此选择靠近人耳左侧的音频段。将测试人员的判断结果保存，并记录实验反转次数。

设 M 表示判断正确的次数，M 初始值为 0，若本次判断正确，M 增加 1。设R 表示反转次数，每次反转都将会根据步长 S_p 改变测试音的值，可设上次测试音改变状态为 markReverse，markReverse 为真，表示测试音减少；markReverse 为假，表示测试音增加。若判断正确次数超过 2 次（M≥2）并且 markReverse 为假（上次测试音是增加的），表示经历一次反转，此时应减少测试音 S_{test} 的值，R 增加 1；若本次判断错误并且 markReverse 为真（上次测试音是减少的），记录本次反转，R 增加 1，同时增大测试音 S_{test} 的值。

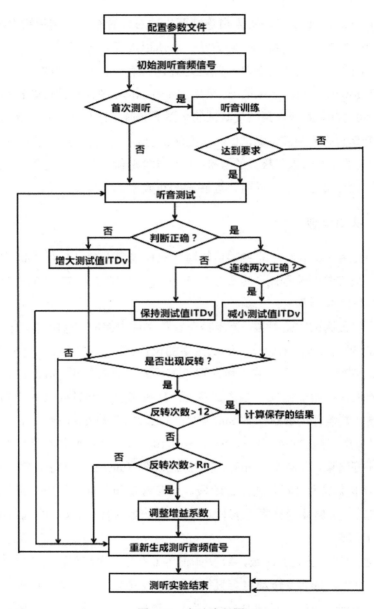

图 3.11 实验流程图

Step4：本实验设置反转上限为 12 次，判断 R 的值，若 R 大于 12，转入 Step5；若 R 小于 12，则根据变化步长 S_p 改变测试音 S_{test} 的值，记录此时测试音 S_{test} 的值，返回 Step3，重新生成测试序列测试。

步长 S_p 有两种改变方式，分别是增大和减小，对应下式（3.1）、式（3.2）：

$$S_p = S_p \times gain - step \tag{3.1}$$

$$S_p = S_p / gain + step \tag{3.2}$$

其中 *gain* 和 *step* 为步长变化因子，分别有四种取值，*gain* 取 g1、g2、g3、g4，*step* 取 s1、s2、s3、s4，依据反转次数不同，*gain* 和 *step* 动态变化。图 3.12 描述了步长 S_p 随反转次数增加而自适应改变的过程。

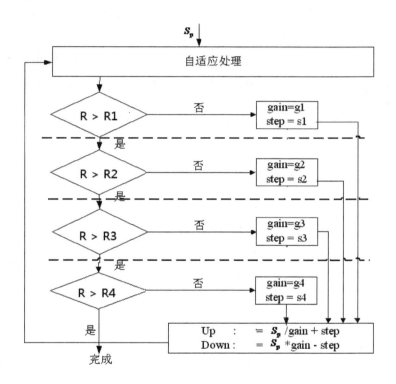

图 3.12　步长自适应变化图

Step5：对最后四次反转时的测试音 S_{test} 的值求平均值，此值既是当前频率下当前双耳线索值对应的空间方位感知值。根据 1 up/2 down 的实验原理，在经过多次反转后，测试结果将逐渐趋于稳定。因此本实验选择最后 4 次反转时的测试音值作为统计样本求其平均值，最终得到待测结果。

采用以上实验步骤对双耳线索 ITD 和 ILD 分别进行测试，即可得到在 8 个频带下 ITD 和 ILD 与水平面方位角的感知特性数据。

3.8 本章小结

本章设计实验对双耳时间差和双耳强度差在空间方位上的感知特性进行测试。首先设计了筛选机制对测试人员进行筛选，通过筛选共有 7 名人员符合要求。然后，本章设计了在水平面上不同偏向角的声音采集装置，并采集了水平面上 0°～90°的正弦单频音样本数据库，该样本作为实验中的测试音来源与参考音组合成测试序列供测试人员测听。此外，本章还设计了专业的测听系统，采用 1 up/2 down 的自适应心理学测试方法，对 ITD 和 ILD 的 6 个不同值在 8 个频带上分别进行空间方位感知特性测试。通过本测试实验，获取了 ITD 和 ILD 在空间方位上的感知特性数据。

第 4 章 实验结果分析

4.1 原始数据预处理

本实验总共历经近两个月，有 7 名人员参与了测试。每名测试人员针对双耳时间差和双耳强度差的空间方位感知特性分别进行了测试。实验中，对每一个线索分别取 6 个测试值在 8 个频带上进行测试。本节对测试后的数据进行预处理，将 7 名测试人员的数据取平均值，得到了双耳线索在 8 个频率下所对应的水平方位角的值，整理得到表 4.1 和表 4.2。

表 4.1 双耳时间差 ITD 与水平方位角 θ 对应值（单位：°）

频率 \ 取值	0μs	100μs	200μs	350μs	500μs	650μs
350Hz	0.60	12.84	21.67	44.05	52.80	78.68
450Hz	0.60	3.35	8.41	47.55	64.58	88.80
570Hz	10.72	22.70	31.40	33.92	58.78	84.00
700Hz	0.60	14.14	10.94	22.28	57.44	78.00
840Hz	9.27	27.06	22.20	43.30	46.10	70.60
1000Hz	5.29	12.61	15.75	12.95	43.25	76.00
1170Hz	1.00	9.71	20.45	19.21	24.10	59.00
1370Hz	16.20	26.10	27.82	26.65	30.18	63.20

表 4.2 双耳强度差 ILD 与水平方位角 θ 对应值（单位：°）

频率 \ 取值	0dB	3dB	6dB	9dB	12dB	15dB
350Hz	12.2	30.5	54.6	61.4	74.3	85.8
450Hz	7.1	25.8	34.9	52.4	60.7	75.5
570Hz	5.5	18.6	28.2	40.7	59.6	79.7
700Hz	8.6	15.8	31.1	43.2	62.7	89.2
840Hz	3.9	17.3	28.8	47.5	66.2	88.6

续表

频率 \ 取值	0dB	3dB	6dB	9dB	12dB	15dB
1000Hz	4.6	16.3	29.6	42.5	70.6	83.4
1170Hz	6.8	20.4	36.5	51.2	76.4	87.9
1370Hz	10.2	19.7	38.7	50.7	74.9	80.7

4.2 双耳时间差 ITD 测试数据分析

经过对双耳时间差的空间感知特性测试，共获得了 6 个不同的 ITD 值在低频段 8 个频带下的水平方位角的对应值。本节将根据表 4.1 测得的数据对双耳时间差、ITD 水平方位角以及频率三者之间的关系进行讨论。

4.2.1　ITD 的水平方位角与频率的关系

频率是影响双耳线索的感知特性的一个重要因素。为了更好地探究频率对双耳时间差空间感知特性的影响，本节绘制了 6 个 ITD 对应水平方位角分别随频率改变而变化的趋势图，如图 4.1 所示，横坐标表示频率，纵坐标表示水平方位角，6 条折线分别对应 6 个不同的 ITD 值。

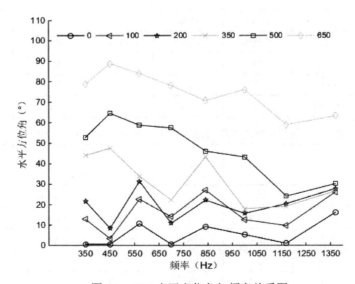

图 4.1　ITD 水平方位角与频率关系图

由图 4.1 可知，ITD 水平方位角与频率的关系呈现明显的波动。当 ITD 的值在 350μs 以上时，ITD 水平方位角在频率小于 450Hz 和大于 1150Hz 时向两侧逐渐增大，在 450Hz～1150Hz 范围内逐渐减小，即整体呈现两端增加中间减小的趋势；当 ITD 的值小于 350μs 时，水平方位角分别在 550Hz 和 850Hz 处出现极大值，在 450Hz、740Hz 和 1150Hz 处出现极小值。可以看出，当频率大于 850Hz 时，水平方位角随频率增加逐渐减小，直至 1150Hz 以后水平方位角逐渐增大，这与 ITD 大于 350μs 时的变化趋势相一致，可以得出 1150Hz 是一个特殊的频率，ITD 的水平方位角在 1150Hz 处出现拐点。当频率小于 850Hz 时，ITD 水平方位角随频率不规则波动，由理论分析可知，双耳时间差在低频段对声音感知敏感，但是在实际测试中发现，当频率过低时，声强较小，测试人员不能很好地分辨测试序列，因此对实际的测试结果产生影响。

4.2.2 ITD 与水平方位角的关系

为了探究 ITD 与水平方位角之间的关系，本节绘制了双耳时间差与水平方位角的关系图，如图 4.2 所示，横坐标表示 ITD 的值，纵坐标表示水平方位角，图中包含 8 条折线，分别对应 8 个频带。

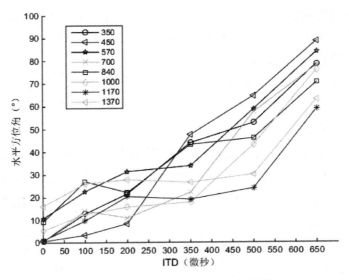

图 4.2　ITD 与水平方位角关系图

从图中可以看出，随着 ITD 的增加，水平方位角随之增加，ITD 由 0μs 增加到 650μs 时，水平方位角从人耳中垂面 0°增大到左耳 90°。这一规律符合理论研究的结论：随着 ITD 的增加声源从人耳的中垂面向左耳方向移动。更进一步的分析可以看出，图中的折线增长特点不尽相同，当频率在 450Hz 以下时，折线呈现出增速逐渐加快，至 ITD 大于 350μs 时增速放缓的情况。当频率大于 450Hz 时，ITD 在 200μs～350μs 处水平方位角增速明显降低，在此范围外其增速较快。

4.2.3　ITD 与水平方位角和频率曲面插值

本篇设计实验获得了双耳线索 ITD 及 ILD 在不同频率下对应的水平角，这些数据是离散的点，不能较好地反映三者之间的关系。为了更好地对实验结果进行分析，本节将利用插值法对双耳线索 ILD、水平角及频率进行数值插值，获得三维曲面进行定性分析。

插值是离散函数逼近常用的一种方法。通过插值方法构造连续曲面经过全部离散点，同时根据有限个已知点的值推导未知点的值。常见的插值方法有很多，比如线性插值、立方插值、最近邻差值等。三次样条插值（Cubic Spline Interpolation，Spline 插值）通过构造分段多项式进行插值，可以实现较小的插值误差[35]。

设区间$[a,b]$有 n 个点$\{x_i\}$，$a = x_1 < x_2 < \cdots < x_n = b$，使得函数满足 $f(x_i) = y_i$。将相邻点 x_i 连接作曲面 $g(x)$，使 $g(x_i) = f(x_i)$，且 $g(x)$ 满足：

（1）在区间$[a,b]$连续二阶可导。

（2）$g(x_i) = y_i$，$(i = 1, 2, \cdots, n-1)$。

（3）在区间$[x_{i-1}, x_i]$，$(i = 1, 2, \cdots, n-1)$，$g_i(x)$ 满足三次多项式。

则 $g(x)$ 即三次样条函数。

在利用三次样条进行插值前，必须对双耳时间差 ITD 及频率选取插值点。

针对参考音 ITD，本篇测试的 ITD 值集中在人耳的左侧。研究发现，声源越靠近人耳中垂面，人耳对声音越敏感。因此越靠近人耳，ITD 插值点就越集中。ITD 的插值点选取见表 4.3。

对于测试频率，本篇选取了低频段八个频带的中心频率作为测试频率，根据 Bark 频带划分，选取这八个频带的边界频率作为插值点。频率插值点如表 4.4 所列。

表 4.3　双耳线索 ITD 插值点选取表

序列号	1	2	3	4	5	6	7	8
ITD 插值点（μs）	20	40	70	130	160	280	440	580

表 4.4　频率插值点选取表

序列号	1	2	3	4	5	6	7	8	9
频率（Hz）	300	400	510	630	770	920	1080	1270	1480

根据选取的插值点，本篇利用三次样条插值绘制了双耳时间差 ITD 与水平方位角和频率的三维曲面图，如图 4.3 所示，对曲面图进行分析可得以下结论：

（1）三维曲面图呈现"船"形，曲面整体比较平滑，没有出现曲面突变的情况。曲面的峰谷出现合理，没有出现较大的峰和谷，插值点选取在合理范围以内。

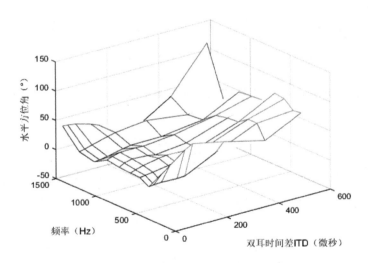

图 4.3　ITD-水平方位角-频率三次样条插值曲面图

（2）以双耳时间差 ITD 的变化来看，水平方位角随其增加而明显增加。这种增加趋势随着 ITD 的不断增大而加快。这说明声源越靠近左耳，双耳时间差变化越明显。

（3）从频率的改变可以看出，水平方位角随频率的增加呈现出先增加后减少的趋势，整体来看水平方位角受频率的影响不大，波动较小。

（4）本实验选取的频率为低频段，理论研究表明双耳时间差在 1500Hz 以下的低频段对声源的定位效果较好。通过以上对三维曲面的分析也可以看出，在 1500Hz 以下，声源有较好的定位效果，随着声源向人耳左侧移动，ITD 变化明显，当 ITD 的值取 650μs 时，声源近似在人左耳处。

4.2.4　ITD 与水平方位角和频率曲面拟合

利用曲面插值法尽管可以获得实验数据的三维曲面，但是在实际测试中数据会存在误差，经过插值后曲面效果会大打折扣，针对这种存在误差的测试值的数据分析一般采用拟合的方式。

曲面拟合是根据实验数据，确定函数 $f(x, y)$ 与变量 x 和 y 的关系表达式，此函数所构成的曲面近似经过数据点，此时曲面近似逼近数据点。实现曲面拟合的方法有很多，本节将使用常见的最小二乘法曲面拟合进行双耳时间差空间方位感知特性曲面拟合。

设数据点 (x_i, y_i, z_i)（$i = 1, 2, \cdots, n$），定义曲面拟合函数公式如下：

$$f(x, y) = \sum_{i=0}^{n} \sum_{j=0}^{n} a_{ij} x^i y^j \, , \quad (i, j = 0, 1, 2, \cdots, n) \tag{4.1}$$

显然，只要求出多项式的系数 a_{ij}，拟合函数即可得出。为此定义误差函数公式如下：

$$E(a_{ij}) = \sum_{i=0}^{n} [z_i - f(x_i, y_j)]^2 \, , \quad (i, j = 0, 1, 2, \cdots, n) \tag{4.2}$$

误差函数应满足所有的数据点带入后有最小值。这样问题转化为了求系数 a_{ij} 使误差函数取极值的问题。此时，误差函数取极值时满足函数对各变量的偏导为零，即

$$\frac{\partial E(a_{ij})}{\partial a_{ij}} = 0 \, , \quad (i, j = 0, 1, 2, \cdots, n)$$

解此方程组，求出 a_{ij}，即可得到曲面函数 $f(x, y)$，这就是最小二乘法曲面拟合。

基于此，本篇采用最小二乘法对双耳时间差与水平方位角及频率进行曲面拟合，拟合函数采用三次多项式表示。图 4.4 展现了 ITD-水平方位角-频率拟合曲面。

公式 4.3 是拟合曲面的三次多项式函数表达式：

$$\begin{aligned} f(x, y) = {} & p00 + p10x + p01y + p20x^2 + p11xy + p02y^2 + p30x^3 \\ & + p21x^2y + p12xy^2 + p03y^3 \end{aligned} \tag{4.3}$$

其中，$f(x,y)$ 即为双耳时间差 ITD，x 表示水平方位角，y 表示频率。该多项式系数的值见表 4.5。

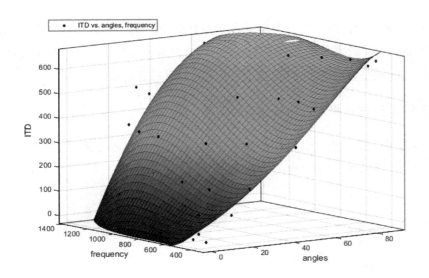

图 4.4 ITD-水平方位角-频率最小二乘法拟合曲面图

表 4.5 拟合曲面三次多项式函数表达式系数表

系数	取值	系数	取值
p00	532.6	p02	0.002865
p10	0.1804	p30	-0.0005313
p01	-2.186	p21	-0.0001765
p20	0.1487	p12	4.574e-06
p11	0.009702	p03	-1.228e-06

各评价参数值为：

（1）误差平方和：SSE=3.048e+05。

（2）复相关系数：R-Square=0.8751。

（3）调整自由度复相关系数：Adjusted R-Square=0.8455。

（4）均方根误差：RMSE=89.56。

4.3　双耳强度差 ILD 测试数据分析

本篇针对六个 ILD 值在八个频带上对双耳强度差的空间感知特性进行测试，参考 4.2 节对双耳时间差的数据分析方法，本节依据表 4.2 中测试数据对双耳强度差 ILD、ILD 水平方位角以及频率三者之间的关系进行讨论。

4.3.1　ILD 的水平方位角与频率的关系

实验选取了低频段八个频带作为测试频率，图 4.5 展示了双耳强度差 ILD 对应水平方位角随频率变化而变化的趋势图。

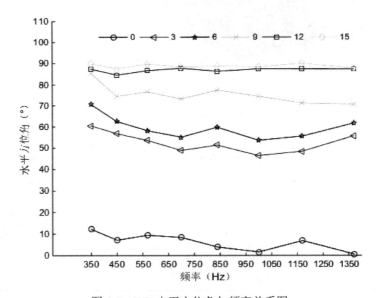

图 4.5　ILD 水平方位角与频率关系图

从图 4.5 中可以看出，当 ILD 的值大于 12dB 时，水平方位角随频率改变的变化不明显，其值保持在水平 90°（左耳）附近；此外，在 ILD 的值在 12dB 以下时，水平方位角随频率增加表现为先减小后增大的趋势，但是整体的波动不大，其范围控制在 10°以内。可以得出结论：在低频段（350Hz～1350Hz）内，双耳强度差水平方位角随频率改变变化不明显，利用 ILD 对 350Hz～1150Hz 内的声源定位效果较差。

4.3.2 ILD 的水平方位角与 ILD 的关系

根据表 4.2 测试所得的双耳强度差与水平方位角的对应值，本节绘制了双耳强度差与水平方位角的关系图，讨论两者之间的联系，其中横坐标为 ILD 的值，纵坐标为水平方位角。从图 4.6 可以看出，ILD 水平方位角随 ILD 的值增大而增大，这说明随着 ILD 的增加声源逐渐向左耳移动；从增长的速率来看，ILD 的值在 5dB 以下时，其对应的水平方位角增长较快，其后增速明显放缓，当增加到 12dB 左右时，水平方位角达到 90°，其后随着 ILD 的增加，水平方位角基本保持不变，此时声源固定在左耳处。

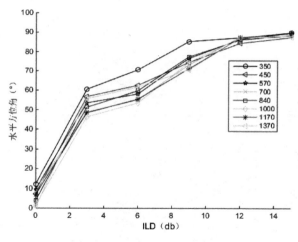

图 4.6　ILD 与水平方位角关系图

4.3.3 ILD 与水平方位角和频率曲面插值

在对双耳强度差进行曲面插值之前，首先要选取频率和 ILD 的插值点。在实际的实验中，ILD 与 ITD 的测试频率相同，此处 ILD 频率的插值点参照表 4.4 关于频率的插值点。ILD 的插值点从 1dB 到 14dB 依次选取，ILD 的值越小插值点越密集，表 4.6 是依此原则选择的 ILD 的插值点。

表 4.6　双耳线索 ILD 插值点选取表

序列号	1	2	3	4	5	6	7	8	9	10
ILD 插值点（dB）	1	2	4	5	7	8	10	11	13	14

根据表 4.6 的插值点，本节采用三次样条插值做出了 ILD-水平方位角-频率插值曲面图（图 4.7）。从图 4.6 中可以得出如下结论：

（1）插值曲面表面光滑，无凸起和凹陷，曲面插值较为合理。

（2）水平方位角随 ILD 的增加而增加，增速由快到慢。水平方位角随频率增加先减小后增大，但是整体波动不大。

（3）从曲面还可以看出，在 ILD 小于 5dB 时水平方位角变化较快，随后 ILD 的增加使水平方位角增加速度放缓，直至逼近 90°。这说明双耳强度差对低频段（小于 1500Hz）声音的定位不明显，必须针对高频段的声音进行 ILD 感知测试才能获得更好的定位结果。

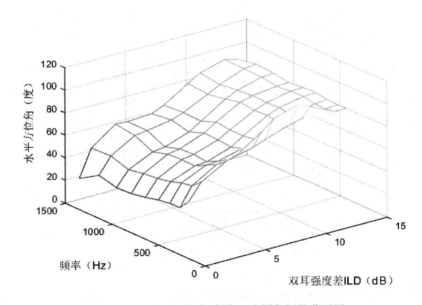

图 4.7　ILD-水平方位角-频率三次样条插值曲面图

4.3.4　ILD 与水平方位角和频率曲面拟合

采用最小二乘法对双耳强度差 ILD 与水平方位角及频率进行曲面拟合，拟合函数采用三次多项式表示。图 4.8 展现了 ILD-水平方位角-频率拟合曲面。

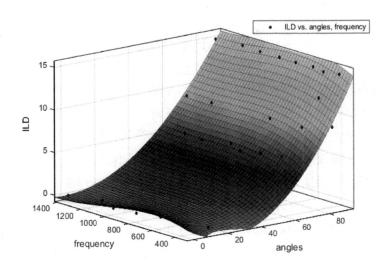

图 4.8　ILD-水平方位角-频率最小二乘法拟合曲面图

公式 4.4 是拟合曲面的 3 次多项式函数表达式：

$$f(x,y) = p00 + p10x + p01y + p20x^2 + p11xy + p02y^2$$
$$+ p21x^2y + p12xy^2 + p03y^3 \qquad (4.4)$$

其中，$f(x,y)$为双耳强度差 ILD，x 表示水平方位角，y 表示频率。该多项式系数的值见表 4.7。

表 4.7　拟合曲面三次多项式函数表达式系数表

系数	取值	系数	取值
p00	-2.916	p02	-1.65e-05
p10	-0.1557	p21	-9.624e-07
p01	0.01418	p12	-1.478e-08
p20	0.003204	p03	5.502e-09
p11	0.000126		

各评价参数值为：

（1）误差平方和：SSE=53.52。

（2）复相关系数：R-Square=0.9575。

（3）调整自由度复相关系数：Adjusted R-Square= 0.9488。

（4）均方根误差：RMSE=1.171。

4.4 本章小结

本章对双耳时间差和双耳强度差在空间方位上的感知值进行数据处理与分析。首先对 7 个人测得的数据进行预处理，得到了 6 个 ITD 及 ILD 的值在 8 个频带上对应的水平方位角。通过对测试数据进行三次样条插值处理，得到了双耳线索关于水平方位角及频率的感知特性曲面，对其感知特性进行定性分析。此外，本章还采用最小二乘法对双耳线索、水平方位角、频率进行曲面拟合，获得了三者之间的三次多项式拟合公式并进行定量分析。

通过对双耳时间差的水平方位感知特性进行分析可以看出，在 1500Hz 以下，ITD 对应水平方位角随频率增加呈现先增加后减小的趋势；在频率大于 1150Hz 和小于 450Hz 范围内，ITD 对应水平方位角随频率增加而增加；在 450Hz～1150Hz 内随之减少。此外，随着 ITD 的增加，声源从人头的中垂面到左耳逐渐移动，在 1500Hz 以内，人耳通过双耳线索 ITD 对声源可以起到定位效果。

理论研究表明，双耳强度差 ILD 在低频段对声源定位效果不明显。通过实验可以看出，在 1500Hz 以下，ILD 水平方位角随频率变化不明显，当 ILD 大于 12dB 时，ILD 水平方位角随频率增加基本保持不变。当 ILD 小于 12dB 时，ILD 水平方位角随频率增加呈现先增加后减少的趋势。双耳强度差与水平方位角的关系呈现正相关，随着 ILD 的增加，水平方位角也增加，这说明声源从人头的中垂面逐渐向左耳移动，当 ILD 大于等于 12dB 时，声源到达左耳处，且此后声源位置保持不变。从以上的实验分析可以看出，在 1500Hz 以下 ILD 的定位效果较弱，必须对 1500Hz 以上的 ILD 的定位进行进一步的测试与分析。

第 5 章　工作总结

在空间音频编码中，双耳线索 ITD、ILD 及耳间相关系数 IC 是空间定位的重要参数。本篇基于自适应的心理声学设计了测听系统，对双耳线索 ITD、ILD 空间方位感知特性进行测试，同时将测试获得的数据进行处理及分析。具体来说，本篇主要包括以下工作：

（1）设计水平面上音频采集装置，建立测试音数据库。本实验针对双耳线索 ITD 及 ILD 进行空间方位感知特性测试，因为 ITD 及 ILD 主要针对水平面上的空间定位起作用。因此，在实际实验中，必须建立水平面上的音源测试库。本篇设计了在水平面上的音频采集装置，并在消音室环境中利用人工头设备针对 1500Hz 以下的八个频带采集了水平面上 0°～90°的声音，建立了测试音数据库。

（2）基于自适应心理学测试方法设计了音频测听系统。本实验为主观判断实验，因此必须要采用合适的心理学测试方法进行主观实验。本篇采用 1 up/2 down 自适应心理学测试方法进行听音测试，实验表明采用自适应的心理学测试方法正确率高达 71%。基于此，本篇设计了音频测听系统，通过该系统，测试人员可以进行很好的听音训练。同时，系统便于操作，测试人员在进行测试条件预设之后，只需要将自己的信息输入，点击"播放"按钮，系统就可以生成测试序列。测听人员通过点击"单选"按钮做出测听判断，系统会自动将测听结果保存到 Excel 表格中。

（3）双耳线索空间方位感知特性测试实验设计。本篇设计了实验对双耳线索空间方位感知特性进行测试，包括测试人员的筛选，实验环境的搭建，测试音数据库的建立等。实验采用 1 up/2 down 自适应心理学测试方法，使用开发的音频测听系统的进行测试。最终实验得到了 ILD 和 ITD 在空间方位感知特性的原始数据。

（4）ILD 和 ITD 测试数据处理与分析。首先对测试数据进行预处理，得到了六组 ILD 和 ITD 在 8 个频带下对应的水平方位角数据。然后分析了双耳线索与水平方位角、水平方位角与频率的关系。最后还对双耳线索、频率、水平方位角进行三次样条插值和最小二乘拟合，获得了双耳线索-频率-水平方位角三维曲面，并得到了双耳线索关于水平方位角及频率的三次多项式拟合公式。

参考文献

[1] Klumpp R.G, Eady H.R. Some Measurements of Interaural Time Difference Thresholds[J]. The Journal of the Acoustical Society of America, 1956, 28(5): 859-860.

[2] Yost W.A. Discriminations of interaural phase differences[J]. The Journal of the Acoustical Society of America, 1972, 55(55): 1299-303.

[3] Mossop J.E, Culling J.F. Lateralization of large interaural delays[J]. J. Acoust. Soc. Am. 1998, 104(3): 1574-1579.

[4] Francart T, Wouters J. Perception of across-frequency interaural level differences[J]. The Journal of the Acoustical Society of America, 2007, 122(5):2826-2831.

[5] 梁之安，林华英，杨琼华. 声源定位与声源位置辨别阈[J]. 声学学报，1966（1）：27-33.

[6] Chen Shuixian, Hu Ruimin. Frequency Dependence of Spatial Cues and Its Implication in Spatial Stereo Coding[A]. in International Conference on Computer Science and Software Engineering[C], Wuhan: 2008: 1066-1069.

[7] 胡瑞敏，王恒，涂卫平. 双耳时间差变化感知阈限与时间差和频率的关系[J]. 声学学报，2014（6）：752-756.

[8] Blauert J.C. Spatial Hearing: The psychophysics of human sound localisation[M]. 1999: MIT Press.

[9] Stevens S.S., E.B. Newman. The localization of actual sources of sound[J]. The American Journal of Psychology, 1936, 48(2): 297-306.

[10] Mills A.W. On the minimum audible angle[J]. The Journal of the Acoustical Society of AmericaJ.Acoust.Soc. Am, 1958, 30(4): 237-246.

[11] Grantham D. Wesley, Hornsby Benjamin W. Y., Erpenbeck Eric A. Auditory spatial resolution in horizontal、vertical、and diagonal planes[J]. The Journal of

the Acoustical Society of America, 2003, 114(2):1009-1022.

[12] Technical description of parametric coding for high quality audio[S]. ISO/IEC Standard 14496-3 ,ubpart 8, ed.3.rev 02.2005.

[13] Yost W.A. Lateral position of sinusoids presented with interaural intensive and temporal differences[J]. J. Acoust. Soc. Am, 1981, (70): 397-409.

[14] Christof Faller and Frank Baumgarte. Binaural cue coding—Part II: Schemes and applications[J]. IEEE Transactions on Speech & Audio Processing, 2003, 11(6): 520-531.

[15] DM Green. Psychoacoustics and Detection Theory[J]. Journal of the Acoustical Society of America, 1960, 32(10): 1189-1203.

[16] L.Wiegrebe, M.Kössl, S.Schmidt. Auditory enhancement at the absolute threshold of hearing and its relationship to the Zwicker tone[J]. Hearing Research, 1996, 100(1/2): 171-180.

[17] I.Wilk, T.Matuszewski and M.Tarkowska. Evaluation of the pressure pain threshold using an algometer[J]. Fizjoterapia Polska, 1987, 42(10): 526-533.

[18] RL Wegel and CE Lane. The Auditory Masking of One Pure Tone by Another and its Probable Relation to the Dynamics of the Inner Ear[J]. Physical Review, 1924, 23(2): 266-285.

[19] 王朔中，张新鹏. 数字音频信号中的水印嵌入技术[J]. 声学技术，2002，21（6）：66-73.

[20] B.Scharf. Fundamentals of auditory masking[J]. Audiology Official Organ of the International Society of Audiology, 1971, 10(10): 30-40.

[21] 谢志文，尹俊勋. 音频掩蔽效应的研究及发展方向[J]. 声学技术，2002（12）：4-7.

[22] DD.Greenwood. Auditory Masking and the Critical Band[J]. Journal of the Acoustical Society of America, 1961, 33(4): 484-502.

[23] E.Zwicker. Subdivision of the Audible Frequency Range into Critical Bands[J]. Journal of the Acoustical Society of America, 1961, 33(2): 248.

[24] D.M.Green. Analytical expressions for critical-band rate and critical bandwidth as a function of frequency[J]. Journal of the Acoustical Society of America, 1980,

68(5): 1523-1525.

[25] 宋倩倩，于凤芹. 基于 Hilbert-Huang 变换和听觉掩蔽的语音增强算法[J]. 声学技术，2009，28（3）：280-283.

[26] B.M.Bcj. An introduction to the psychology of hearing[J]. General Information, 2010, 27(1): 3-10.

[27] JC.Middlebrooks and DM.Green. Sound localization by human listeners[J]. Annual Review of Psychology, 1991, 42(1): 135-159.

[28] M.Matsumoto,K.Terada, M.Tohyama. Cues for front-back confusion[J]. Journal of the Acoustical Society of America, 2003, 113(4): 2286.

[29] E.G Wever, C.W Bray. The nature of acoustic response: The relation between sound frequency and frequency of impulses in the auditory nerve[J]. Journal of Experimental Psychology, 1930, 13(13):373-387.

[30] F.Christof and M.Juha. Source localization in complex listening situations: selection of binaural cues based on interaural coherence[J]. Journal of the Acoustical Society of America, 2004, 116(5): 3075-3089.

[31] L.Rayleigh and JW.Strutt. On our perception of sound direction[J]. Philosophical Magazine, 1907, 13(74): 214-232.

[32] AW.Mills. On the Minimum Audible Angle[J]. Acoustical Society of America Journal, 1958, 30(4): 237-246.

[33] B.Rafal, B.Eric, M.Jeff. The physics of optimal decision making: a formal analysis of models of performance in two-alternative forced-choice tasks[J]. Psychological Review, 2006, 113(4): 700-765.

[34] H.Levitt. Transformed up-down methods in psychoacoustics[J]. Journal of the Acoustical Society of America, 1970, 49(2): 467-477.

[35] 陈娴. 三次三角 Bezier 样条插值[J]. 佳木斯大学学报，2009，27（3）：3787-3790.

第四篇

双耳相关性感知阈值与频率和参数值关系的
测试与研究

本篇摘要

随着数字化时代的到来，人们对三维技术在音视频中的应用提出了更高的要求，3D 音频的出现使得传统的双声道单层面立体声音场已不能满足大众的需求。但随着音频信号中声道数量的增加，数据量也随之增大，给存储容量和传输带宽带来了极大的压力。因此，如何对 3D 音频信号进行有效的压缩处理是音频技术亟待解决的关键问题。

本篇在空间音频编码的基础上，利用下混技术将多声道信号转化为一个声道信号，再对该信号编码，同时提取各个信道中的空间定位线索作为边信息独立编码。之后，解码器利用上混技术将编码后的一个声道信号和边信号还原为原始的多声道信号。因边信号的数据量远远小于单个音频信号的数据量，故能够在保证音频质量不发生改变的前提下，基于空间参数对音频信号进行高效的压缩，从而减少音频信号的存储空间和传输带宽所需的资源。

要想对边信息进行高效的量化和编码，需要测得人耳对空间参数的感知的临界值。本篇将对 IC 的恰可感知差异值 JND 进行多参数值和全频带范围的测试，并研究双耳相关性感知阈值与频率和参数值之间的关系，从而为边信息提供更全面、更高效的压缩。因此，本篇的主要工作包括：

（1）基于空间心理声学理论，在之前测听系统的基础上进行优化和改进，使得改进后的测听系统能够进行 IC 在全频带和多参数值下的恰可感知差异值 JND

的测试。

（2）在多个声像宽度和频率上，对 IC 的恰可感知差异值 JND 进行测试并记录。然后，通过实验数据推导出 IC 在声源定位感知效果上的影响。

（3）在更多的 IC 参考值和频率下，对测得的 JND 进行插值及曲面拟合，得到 IC 的 JND—频率—IC 值三维曲面图，从而探究 JND 值与频率以及 IC 值（声像宽度）之间存在的关系。

关键词：双耳相关性；恰可感知差异值；空间音频编码；插值法；曲面拟合

第 1 章　绪论

1.1　研究背景及意义

随着数字化时代的到来，传统的双声道单层面立体声音场已不能满足大众的需求。同时，虚拟现实科技现在非常火热，视觉层面的技术难关一个接着一个被攻克，但是如果想要彻底实现沉浸式体验，那么同样也要在听觉上实现 3D 效果。在过去的几十年里，虚拟现实在视觉层面的技术成果已经取得了飞速进步，3D 音频技术也紧随其后。但相应地，我们在享受 3D 音频带给我们的独特体验之时，3D 音频信号中的声道数也在成倍增加，声道数的增加就导致数据量急速增大，这对存储容量以及传输带宽来说是一个巨大的挑战。如何对 3D 音频信号进行有效的压缩是目前数字音频技术需要解决的最重要的问题。

在传统心理声学和空间音频编码中首先需要确定的是，我们要提取哪些具有听觉意义的空间信息，其次是这些空间信息该怎么来提取和表达。空间音频编码采用下混技术将多声道信号转化为一个声道信号，然后再对该信号进行压缩编码。在这个过程中，每个信道中的空间定位线索会被提取出来进行单独的量化和编码，被提取出来的空间参数信息称为边信息。之后，解码器采用上混技术把编码后的一个声道信号以及边信息还原为原始的多声道信号。在边信息中，双耳时间差线索 ITD、双耳强度差线索 ILD 以及相关系数 IC 都是人耳听觉系统中用来感知声源方位的重要参数，是空间音频编码的核心。除了方位特性 ITD 和 ILD 之外，声源还具有稳定度和宽度特性，空间心理声学中用相关系数 IC 来描述该特性。但是就目前来说，编码器都只是根据边信息中 ITD 或 ILD 的 JND 值进行量化和编码的，且关于相关系数 IC 的恰可感知差异值是在单一的参考值或频率范围内测定的。而现实生活中，声源的频率远比以往研究的范围大得多，因此，如果能对相关系数 IC 的恰可感知差异值 JND 进行多参数值和多范围频率的测试，并研究出 IC 的 JND 与频率和参数值之间的关系，就能探索人耳对声像宽度这一空间定位线索的感知机理。

根据现有的空间音频编码理论研究成果，本篇只对相关系数 IC 的感知特性进行研究。本篇改进了现有的自适应测听系统，能够测量出在不同 IC 参数值和全频带下双耳相关系数 IC 的 JND 值，得到的 JIND 值将更加完善，再根据所得数据分析 JND 与参考值 IC 和频率的变化关系，并绘制出三维曲面图，从而在数据和理论上指导边信息的高效压缩。

1.2　国内外研究现状

双耳相关性（Interaural Correlation，IC）也称相关系数，它在双声道立体声中表示的是左右声道之间的相关程度。IC 的大小为 0～1 之间，当 IC 值趋近于 0 时，表示左右声道间相关度较小；当 IC 值趋近于 1 时，表示左右声道间相关度较大。IC 值的大小决定的是声源的声像宽度。一般来说，单声道的声像宽度必定为 1，因为其不具备声场宽度，IC 值是立体声区别于单声道的标志性参数，因此其性能应尤其得到重视。当声音的稳定度和宽度发生变化时，人耳不一定能察觉到这个变化。这是因为人耳对声像宽度和稳定度变化的感知存在着一定的局限性，只有当相关系数 IC 的值达到或超过一定的临界值时，双耳才能感受得到声音的声场宽度有所变化。这个临界值就被称为恰可感知差异值，其值越小，表明人耳对声音宽度变化的敏感度越高，越容易感知声音的宽度变化；其值越大，表明人耳对声音宽度变化的敏感度越低，越难感知声音的宽度变化。

早前的双耳掩蔽理论已经证明过 IC 在双耳听音的重要性（Gabriel and Colburn, 1981; Durlach et al., 1986; Koehnke et al., 1986; Jain et al., 1991; Bernstein et al.,1992, 1996a, b; Culling et al., 1995,2001，2004；Helge Lüddemann et al., 2009,2010）[1]，但是只有很少的文章去研究人耳对 IC 的感知辨别能力，而且他们中的绝大部分也仅做了 IC 参考值为 1 时的感知敏感实验，偶尔有些研究者也做了 IC 参考值为 0 或-1 的实验，而同时对三个参考值做实验主要是在最近几年才开始的。如果要分析这些不同双耳掩蔽模型采用实验方法的优劣是非常困难的，因为它们的内在表现形式常常是随着激励参数的改变而随之改变的。

1959 年，Pollack 和 Trittipoe 研究了声源级、音长、频率、双耳相关性 IC 的参数值对 JND 值的影响[2]。他们用一段频率范围为 100～6800Hz、声压级为 50～

90dB、音长为 10～1000ms、IC 参数值范围为 1～0 的高斯噪声来测听，最终发现当 IC 的参考值为 1 时，IC 的 JND 值大约为 0.04；当 IC 的参数值递减到 0 时，IC 的 JND 值增加到大约为 0.44。

1981 年，Gabriel 和 Colburn 也是利用高斯噪声来作为声源，测试声源的带宽以及声压级对双耳相关性 IC 的 JND 值的影响[3]。声源的中心频率为 500Hz，带宽范围为 3Hz～4.5kHz，用来实验的声源的频谱强度为 75dB 和 39dB。实验采用的是 2AFC 的心理声学测试方法，每个感知阈值测试 55 组，每个值的前五组数据将被丢弃，然后再每十组作为一轮进行。该实验的研究结果表明，当 IC 的参考值为 1 时，结果显示当带宽小于 115Hz 时，IC 的 JND 值是一个接近 0.004 的参数值；当带宽大于 115Hz 时，IC 的 JND 值是单调递增到约 0.04。当 IC 的参考值为 0 时，结果显示当带宽由 3 变化到 115Hz 时，IC 的 JND 值由 0.7 变化到 0.35；当带宽大于 115Hz 时，IC 的 JND 值是接近于 0.35 的常量。当 IC 的参考值为 1 时，随着频谱强度的增加，IC 的 JND 值是减小的，而当 IC 参考值为 0 时，JND 值没有什么变化。

1993 年，Cox 等人不同于以上，用音乐来作为声源信号[4]。他们模拟音乐厅的扬声器，用声音处理软件直接处理成早期的反射和混响相结合的无回声录音来作为实验所用到的测试音。他们发现当 IC 的参考值为 0.33 时，JND 的值为 0.075±0.008。

2002 年，Okano 也使用了消声音乐的录音来测试 IC 的 JND 值[5]。特别的是，测试音是以 1-IACCE3（E 代表 0～80ms 的直达声，3 代表以 50、1000 和 2000Hz 为中心的三倍频带）的形式来表示的。直达声、早期反射声和混响声是通过多个扬声器模拟生成的，其中早期反射声的水平在实验中是不断变化的。实验结果表明，当 IC 的参考值从 0 变化至大约 0.8 时，JND 的值为 0.065±0.015。

2009 年，Lüddemann 在 MATLAB 中生成所有的测试序列，每个测试序列是由好几个不同 IC 值的双声道高斯带通噪声片段（带宽为 100～2000Hz）拼接而成的[6]。测试序列中每一片段的 IC 值是通过按一定比例混合两个正交噪声源来设置的。为了计算的有效性，在该实验中仅仅只对右声道进行处理。左右声道信号的生成方法根据 $\begin{pmatrix} l \\ r \end{pmatrix} = \left(\rho \cdot a + \sqrt[a]{1 - \rho^2} \cdot b \right)$ 进行计算，其中信号 a、b 是两个正交信号。实验能接受的最大的 IC 值标准偏差分别是：ρ=1 时为 0.003；ρ=0 时为 0.03；ρ=-1

时为 0.003。IC 值处于它们之间的阈值是通过线性插值的方法来获得的，只有当测试序列和目标序列之间的偏差在期望域值之下，这个序列才能采用，否则该序列将被丢弃，用一个新的序列来代替。实验采用 3-alternative-forced-choice（3-AFC）的心理声学测试方法，并使用 1 up/2 down 的自适应步长改变方法，即当测试者判断错误就增加步长，当连续两次正确就减少步长，从而有 70.7 的判断正确率。结果显示，当 IC 参考值为 1 时，JND 为 0.034；当 IC 参考值为-1 时，JND 为 0.105；当 IC 参考值为 0 时，偏向正值时的 JND 为 0.547，偏向负值时的 JND 为 0.667。

2013 年，曹晟依据人耳感知音频的分频带特性，采用 Bark 频率划分法，将 20Hz～15500Hz 分成了 24 个子带。每个子带序列中都包含了 1 个标准音和 5 个测试音。其中标准音的 IC 值为 1，测试音的 IC 值是按照声源边界与人耳的偏向角来确定的，五个测试音分别取的是偏向角为特定角度时所对应的 IC 值[7]。测评时，判断测试音中两声源的距离感是否与标准音相同，并记录结果于 Excel 表格中。最终统计几位测听人员的测听结果，对每个人感知到的 IC 临界点取算术平均值。该实验的结果表明，IC 参数的 JND 感知曲线包含三个峰值，分别位于低频、中频和高频。三个峰值间的区域 JND 值相对偏小，人耳较易察觉这些频段上的声场宽度变化。

对几篇经典文献中 IC 的 JND 测试结果进行统计可以知道，大多数研究者仅针对比较窄的频带进行研究，只有 Dajani and Picton 对 0～8000Hz 做了一个中低频带的 IC 敏感性测试。从对 IC 的 JND 测试来看，只有 2002 年的 Boehnke et al. 和 2009 年的 Lüddemann et al.对三种参考 IC 值的 JND 做了测试。即使对同一个 IC 参考值做的测试，不同年代的学者获得的 JND 值也存在较大差异。因此有必要做一个全频带、不同 IC 参考值的完备实验，建立 IC 的 JND 与频率、IC 值本身的感知模型，从而探究人耳的最基本的物理现象。

1.3　本篇研究内容

由于声音的宽度和稳定度发生变化时，人的双耳对声像宽度的感知存在一个临界值，也就是恰可感知差异值，因此本篇就目前 IC 测试实验中存在的一些不足，改进并完善实验方法，测试在不同 IC 参数值下全频带内 IC 的 JND 值，并依据实验所测得的 JND 数据，对双耳相关性 IC 与参数值和频率的关系进行数学拟合并分析，从而深入探究人耳对声场宽度的感知特性。

本篇的研究内容主要包括：

（1）改进当前的测听系统从而得到一个关于 IC 感知特性的音频测听系统。本论文针对当前双耳相关性 IC 感知测试实验的需求，改进了一个基于 Windows 系统的音频测听软件，从而可以更全面可靠地进行测试。

（2）测量不同 IC 参数值下全频带的 JND 数据。

（3）改进后的测听系统能够测量不同 IC 参数值下全频带范围内 IC 的 JND 值，最终所测得的 JND 数据相较于之前更加全面和完善。

（4）对 IC 的感知特性 JND 进行数学分析与建模。使用数学拟合的方法，对（2）中所测得的实验数据进行分析，拟合出关于 IC 的 JND－频率－声像宽度的曲面图形，从而更具体地分析 IC 的 JND 值与频率和 IC 参数值的关系。

1.4　本篇各章节安排

本篇主要分为五个章节，各个章节的内容如下：

第一章主要介绍了本篇的研究背景和研究意义，并列举了国内外的研究现状以及本篇论文要进行的主要工作。

第二章为理论基础部分，详细介绍了心理学模型和空间音频编码的基础知识，主要包括传统心理声学模型、空间心理声学模型和空间音频编码技术。

第三章为具体实验部分，介绍了实验前的准备工作，例如筛选实验所涉及的受试者、安排实验环境和实验设备、具体的代码实现、如何生成测听用到的音频信号，并详细介绍了实验的具体方法和步骤。

第四章是对第三章所测得的实验数据进行数学统计，分析不同参数值下双耳相关性 IC 的 JND 与频率的变化关系，并绘制 JND－频率－IC 参数值的三维曲面图。

第五章总结了本篇的研究内容，提出该测听实验的缺点和不足之处，从而为该领域的深入研究确定方向。

第 2 章　空间音频编码技术理论基础

2.1　引言

人类从外界获取的信息 20%以上都来自于听觉，人耳能感知的声音是一种机械振动波且声波频率在 20～20000Hz 之间。人们将与声音相应的机械振动波转换为电信号，这些电信号统称为音频信号。采样的频率和量化的位数直接影响数字音频质量的高低[8]。因为音频编码的目标是用最低的码率获得最佳的音质，为此可以通过音频编码的方式来压缩数字音频信号，并且保证音频质量。音频编码分为无损压缩和有损压缩。无损压缩能够在 100%保存源文件的所有数据的前提下，将音频文件的体积压缩得更小，压缩后的音频文件还原后，与源文件大小相同、码率相同；有损压缩会降低音频的采样频率与比特率，输出的音频文件会比源文件小。要想对音频信号进行更高效的压缩，我们需要舍弃一些不必要的信息，从而减小对存储容量和传输带宽的压力，而只有有损压缩能做到这一点，在不影响音频质量的前提下，对音频信号进行高效压缩。虽然不能零损失的恢复成原始的数据，但是所损失的部分并不影响人耳对声音效果的感知，也不影响音频信号的质量。下面将详细介绍心理声学基础、空间心理声学基础和空间音频编码技术。

2.2　传统心理声学

心理声学一词是指"人脑解释声音的方式"[9]。人耳对不同频率和强度下的声音具有一定的听觉范围，该范围称为声域，在这个听觉范围内，影响听觉主观感受的主要有响度、音高、音色等特征和掩蔽效应、高频定位等特性[10]。心理声学模型的发展主要分为两个部分：第一个是传统心理声学模型，第二个是空间心理声学模型。

2.2.1 听阈和痛阈

通常人耳能感受到的振动频率在 16～20kHz 之间，在每一种频率的声波下，人耳都具有听阈，听阈即刚刚能引起人耳听觉反应的最小声音刺激量，声音不够一定强度不能引起听觉[11]。在不同频率的声波下人耳的听阈是不相同的，其中对 1000Hz 的声音感觉最灵敏，其听阈声压为 $P0 = 2 \times 10^{(-5)} \text{Pa}$（称为基准声压）。随着频率的改变，听阈值也会发生变化，它们之间的关系如下：

$$T(f) = 3.64(f/1000)^{-0.8} - 6.5e^{-0.6(f/1000-3.3)} + 10^{-3}(f/1000)^4 \tag{2.1}$$

其中，f 表示频率，听阈值的单位为 dB。

如果声波的振动强度超过了人耳听觉系统的听阈并往上继续增加时，听觉感受也会相应增加，当振动强度增加到了某一限度时，就会造成人耳的鼓膜疼痛，这个限度称为就痛阈或最大可听阈[12]。将各频率下的听阈用线段连接起来，就形成了听阈曲线；将各频率下的痛阈用线段连接起来，就形成了痛阈曲线。两条曲线之间所组成的区域则表示了听觉区域，如图 2.1 所示。

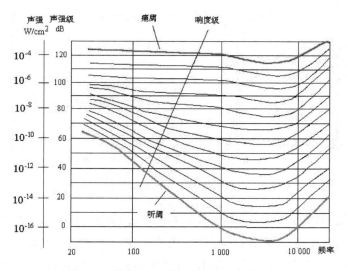

图 2.1　听阈曲线、痛阈曲线以及听觉区域

如图 2.1 所示，横坐标为人耳能听到的声音频率范围，纵坐标表示声压级大小。蓝色曲线表示不同频率下人耳的听阈，红色曲线表示它们的痛阈，这两条曲线所围成的区域称为人耳的听域。从图 2.1 中可以看出，人耳对不同频率下声音

的敏感性不同，双耳对频率范围为 2kHz～5kHz 的音频信号较为敏感，但随着频率变小或变大听阈值也随之降低。所以，在进行信号压缩时，可以根据这一结果利用听阈值把低于该电平的音频信号舍弃掉，只保留人耳可听范围内的音频信号，从而能够进行高效的压缩。

2.2.2　人耳的掩蔽效应

人耳的掩蔽效应是指一种频率的声音阻碍了人耳感受另一种频率的声音。其中前者称为掩蔽声音，后者称为被掩蔽声音（maskedtone）[13]。绝对听阈指的是在安静的环境中人耳可以听到的纯音的最小值，掩蔽阈值是指在掩蔽情况下，提高被掩蔽弱音的强度使人耳能够听到时的听阈。如果某处出现一个强纯音，那么在其附近同时发音的弱纯音是不能被人耳听到，这一特性就叫作频域掩蔽或同时掩蔽（simultaneousmasking）[14]，如图 2.2 所示。

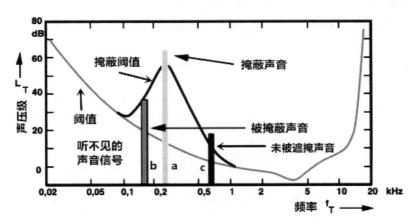

图 2.2　人耳掩蔽效应中声强与频率的关系图

纯音是最简单的一种声音，图 2.2 反映的是 1kHz、80dB 的纯音为掩蔽音时，测得的纯音的听阈随频率变化的特性。图 2.2 中，浅灰色的曲线为听阈曲线，黑色的曲线为掩蔽阈值曲线。在 700Hz 以下和 9kHz 以上的频率范围内，掩蔽声基本上不影响纯音的听阈；在 700Hz 到 9kHz 之间，纯音的听阈明显提高，越接近掩蔽声的频率，掩蔽量就越大。

在时间上相邻的声音之间也会发生掩蔽效应，这一现象称为时域掩蔽。时域掩蔽根据掩蔽声出现的顺序可以划分为超前掩蔽（pre-masking）和滞后掩蔽

（post-masking），如图 2.3 所示。

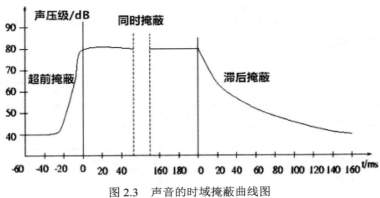

图 2.3　声音的时域掩蔽曲线图

超前掩蔽：在掩蔽声音出现之前发生掩蔽效应；滞后掩蔽：掩蔽声音出现之后发生掩蔽效应[15]。因为人的大脑在接收并处理信息的过程中需要一定的时间，所以会产生时域掩蔽。随着时间的向后推移，时域掩蔽会有所衰减，在一般情况下，超前掩蔽只有 3ms～20ms，而滞后掩蔽却可以持续 50ms～100ms。

2.2.3　临界频带

当噪声的带宽增加时，掩蔽量也随之增大，但当带宽增加到超过了某个限值之后之后，掩蔽量就不再变化，这一带宽就称为临界频带[16]。临界频带的带宽随着中心频率的变化而变化，掩蔽效应也随着改变，这种变化是非线性的，而非线性关系在研究和表达上很不方便。研究者们使用了一个经验公式来解决这个问题，临界频带与频率之间的关系变成了线性关系。公式如下：[17]

$$CB = 25 + 75(1 + 1.4f^2)^{0.69} \qquad (2.2)$$

其中，f 表示临界频带的中心频率，单位是 kHz，CB 是临界频带的带宽。

一般来说，人耳的可听频率范围内有 24 个临界频带，单位为 Bark（巴克），具体度量标准是：1Bark = 一个临界频带的宽度。

当 频 率 $f < 500$Hz 时， 1Bark = $f/100$ ； 当 频 率 $f > 500$Hz 时，1Bark = $4 * \log(f/1000)$。

简单地说，Bark 尺度是把物理频率转换到心里声学的频率，Bark 和频率之间的关系如下[18]：

$$\text{Bark} = 13\arctan\left(\frac{0.76f}{1000}\right) + 3.5\arctan t\left(\frac{f}{7500}\right)^2 \qquad （2.3）$$

上式中的 f 表示中心频率。根据 Bark 频带划分法把 20Hz～16kHz 划分为 24 个临界频带之后，Bark 尺度频率中心频率与带宽见表 2.1。

表 2.1　24 个临界频带的划分

序号	中心频率（Hz）	带宽（Hz）	序号	中心频率（Hz）	带宽（Hz）
0	50	0～100	12	1850	1720～2000
1	150	100～200	13	2150	2000～2320
2	250	200～300	14	2500	2320～2700
3	350	300～400	15	2900	2700～3150
4	450	400～510	16	3400	3150～3700
5	570	510～630	17	4000	3700～4400
6	700	630～770	18	4800	4400～5300
7	840	770～920	19	5800	5300～6400
8	1000	920～1080	20	7000	6400～7700
9	1170	1080～1270	21	8500	7700～9500
10	1370	1270～1480	22	10500	9500～12000
11	1600	1480～1720	23	13500	12000～15500

巴克频带划分法利用了人耳听觉的感知特性，对于低频信号的刻画更为细致，由表 2.1 可以得到基于临界频带的掩蔽曲线图如图 2.4 所示。

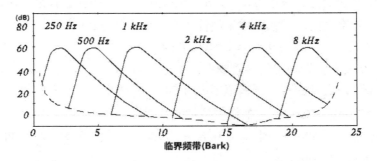

图 2.4　基于临界频带的掩蔽曲线图

从图 2.4 可以得知，出现在中等强度时的纯音的频率附近能对其进行最有效的掩蔽；低频纯音能够有效地掩蔽高频纯音，但反过来作用很小[19]。根据相关的心理声学的研究，由于人耳的特殊结构，在同一个临界频带里头信号容易发生掩蔽效应，即主要信号容易被能量大且频率接近的掩蔽信号所掩蔽。因此我们可以认为 Bark 域越接近的信号越容易产生掩蔽效应。

2.3　空间心理声学与空间音频编码

传统心理声学是对人的听觉特性进行多方面研究的声学，它研究的是声音信号与人听到之后的主观感受之间的关系。而空间心理声学研究的主要是空间中音频信号的声源定位问题，提取音频信号中表征声源位置和大小的空间信息参数并对它们进行有效编码，以此来实现立体声/环绕声的低码率音频编码[20]。到了 20 世纪 90 年代，空间心理声学已经形成了较为完备的理论基础体系，其研究成果尤其是空间定位线索的定义，为空间音频编码技术奠定了坚实的理论基础。

2.3.1　空间信息参数

1. 方位角线索

声音发出时，是从声源出发经过不同的方向在空气中传播，然后再经过衰减、人的头脑反射和吸收过程，最终到达人的左右耳中，双耳因此感受到不同的声音[21]。听觉的方向定位，是指利用听觉器官来判断发声体的空间方位，在对声源的方位进行判断和甄别时，所涉及到的方位角线索主要有两个：双耳强度差 ILD、双耳时间差 ITD。

（1）双耳强度差（Intensity Difference of Binaural）。随着传播距离的远近，声音的强度也随之改变，即距离越远声音的强度就越弱。与声源在同一侧的耳朵听到的声音较强，另一侧耳朵由于头颅的阻挡，听到的声音较弱。如此，声源便被定位在听到的声音较强的人耳一侧。

（2）双耳时间差（Time Difference of Binaural）。从某一侧传播过来的声音，左右耳听到的声音在时间上具有差异，即一只耳朵先听到声音，另一只耳朵后听到声音，此时声源便被定位于先听到声音的耳朵的那一侧，因此这种时间差也是对空间声源进行定位的重要线索。因为左右耳之间的距离大约为 15～18cm，所以声音到达左右耳的时间差的最大值约为 0.62ms。

2. 高度角线索

ILD 和 ITD 在空间声源定位中扮演着重要的角色，起到了至关重要的作用，但如果只考虑这两个空间信息参数，只能将声源定位在一个锥形区域内。因为在同一平面内，人耳无法判断出声源位于上下方或前后方，这就是我们常说到的"锥面模糊"现象，如图 2.5 所示[22]。

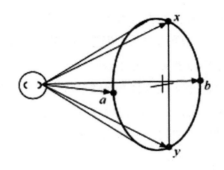

图 2.5　锥面模糊现象

在图 2.5 所示的圆锥面上，位于点 x 和点 y 处的声源到人右耳的距离是相同的，因此在这两个位置传播过来的声音到达人的右耳时，其 ILD 和 ITD 并无差异，此时是无法判断声音是从哪个位置传过来的，也就无法对声源进行定位。同样地，从点 a 和点 b 两个位置处传播到人耳的声音，其 ILD 和 ITD 也各自是相同的。因此，方位角线索不能反映声源的高度角。

不同的高度角在人耳中产生的频谱线索是不同的。外耳主要控制的是进入人耳的波长较短的高频成分，躯干等部分则会影响波长较长的低频部分。相比人耳对左右方位信号的感知，人耳对高度角的感知更依赖的是其对声音的熟悉程度。对于熟悉的声源，人耳通过比较声源的谱线形状和记忆中同类声源谱线的形状来确定宽带信号的高度角，由声源的频率来确定窄带信号的高度角。对于不熟悉的声源，人们通常只能通过头部转动来避免声源位置前后混淆，如图 2.6 所示[23]。

在低频或者较差的听音环境中，当方位角线索不能对声源的定位做出明确的判断时，听音者会转动自己的头部来消除某些不确定性。当出现空间锥形区域声像混淆现象时，由于会引起不确定的双耳效应，故这种情况下最常使用这种方法。

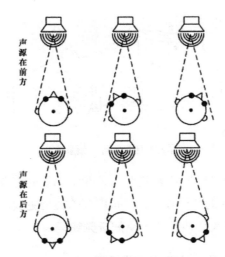

图 2.6　头部转动以避免声源位置的前后混淆

3. 距离线索

人耳通过多个线索判断声源的距离，包括 ILD 和 ITD、响度以及直反比。它们在不同的声源距离和场景下有着不同的重要性。

（1）近距离的情况下。ILD 和 ITD 都和距离有关，但是它们对于距离感知的重要性随着距离的增大而减小。对于小于 1m 的近距离声源，双耳之间的差异是十分明显的，这两个方位角线索在短距离的估计中扮演着重要角色。

（2）远距离的情况下。根据实验表明，在听音者与声源的距离大于 3m 时，人耳感知到的距离与实际距离并不严格对应，与响度成反比。

（3）封闭空间的情况下。直反比对距离感知有重要意义，直反比是与声场环境相关的直接声与反射声的轻度比。它主要在封闭的听音环境中影响声源距离的主观判断。与上面所述的响度类似，该主观距离也不与实际距离严格对应。

4. 声像特性线索

除了方位特性之外，声源还具有稳定度和宽度特性，空间心理声学中用双耳相关性 IC 来描述该特性[24]。这也是本篇的研究重点。

在双声道立体声中，IC 表示的是左右声道间的相关程度，其取值范围为 0～1。当 IC 的取值越趋近于 0 时，表示立体声左右声道的相关度越小，此时声音接近于面声源，感觉上比较发散；当 IC 的取值越趋近于 1 时，左右声道的相关度就越大，此时声源接近于点声源，感觉上比较集中[25]，如图 2.7 所示。

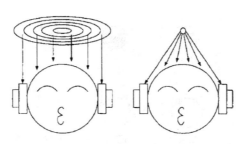

图 2.7　IC 空间音频参数

综上所述，ILD、ITD 和 IC 都是空间音频编码中的重要参数。空间中声源的方位取决于 ILD 和 ITD 的共同作用；空间声源的类型主要取决于 IC，且其作用相对独立。三个参数都最大化地服务于空间音频编码。

2.3.2　空间信息参数的恰可感知差异值

众所周知，人耳能感知到的声源空间方位变化的能力是有限度的，只有当 ILD、ITD 和 IC 的变化达到一定的临界值时，人耳才能察觉到声源方位的变化，这个临界值就称为恰可感知差异值[26]。根据双耳相关性的 JND 曲线，我们可以建立一个基于人耳感知特性的双耳相关性感知模型，通过此模型可以用来对空间参数的量化进行数据指导，有效去除人耳感知不敏感的空间信息，从而能够在不影响音频质量的同时降低编码率[29]。

2.3.3　空间音频编码

空间音频编码是对空间信息参数化的过程[27]。上述提到的三个线索 ILD、ITD 和 IC 就是有确切听觉意义的空间信息。三维音频中声道数较多、数据量较大，空间音频编码为了解决这一问题，将多声道下混并提取表达空间声源方位信息的空间信息参数，这样可以使解码时还原出来的声音信号具有与原始音频信号相同的空间沉浸感，同时又去除了一些不影响人耳听觉效果的不必要的信息，有效降低了三维音频的编码码率。对音频信号的处理主要包含了以下两个过程：首先是利用下混技术把空间音频信号的多个声道信号转化为一个声道信号，然后再对这一个单独的声道信号进行编码。接着便是提取各个信道中的空间定位线索，并对这些空间定位线索单独量化和编码，之后将编码后的空间参数信息编码为边信息，与第一个过程中生成的一个声道码流一同传输给解码器。解码器接收到传输过来的单声道信号和边信息之后，利用上混技术将单声道信号和边信息还原为原始的多声道信号。该过程的框架图如图 2.8 所示[28]。

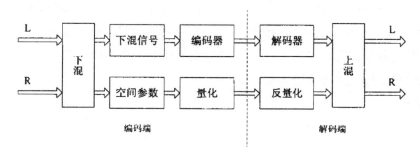

图 2.8　空间音频编解码示意图

为了确保编码前后的音频信号能量是相同的，下混技术要对传输的音频信号进行处理，如图 2.9 所示。

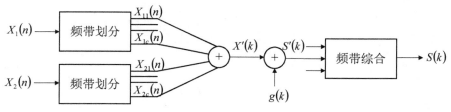

图 2.9　多声道信号下混

在图 2.9 中，下混技术首先在频带上对多声道信号 $X(n)$ 进行划分，把多声道信号之间相同的子带信号相加为 $X'(k)$，并乘以一个增益系数 $g(k)$[29]，计算公式如下：

$$\sum_{i=1}^{2} P_{X_i}(k) = g^2(k) p_{x'}(k) \qquad (2.4)$$

空间参数的提取运用的是分帧分频带的做法，它与下混操作是同时进行的，即在每一频带上分别提取空间参数，这一过程是相互独立、互不影响的。

2.4　本章小结

本章的主要内容是介绍了空间音频编码的理论基础，主要包括了传统心理声学、空间心理声学模型以及空间音频编码技术。研究表明，ILD、ITD 和 IC 适用于空间声源定位的最主要的空间参数，IC 参数本身较之 ILD 和 ITD 比较独立。目前对于空间方位线索的研究主要集中在 ILD 和 ITD 上，对 IC 的感知测试与研究少之又少。因此，要想在空间音频编码的过程中对边信息进行更全面高效的压缩，就有必要对双耳相关性 IC 的感知特性进行全频带和多参数值下的测试与研究，从而对边信息进行更加高效的压缩。

第 3 章 双耳相关性的恰可感知差异值测试

3.1 引言

根据空间心理声学理论基础可知，IC 值的大小决定声源的声场宽度，且其作用相对独立，IC 参数是立体声效果的一项重要指标。相比较于 ILD 和 ITD 这两个空间信息参数所量化的声源角度来说，人耳对声源声场宽度变化的感知能力更不易被定量表示，且人耳对不同频率范围的 IC 感知阈值是不相同的[30]。因此本篇通过改进后的测听系统，来对全频带上 IC 的 JND 值进行测量与研究。在目前研究现状和研究结果的基础上，本篇改进并优化了现有的音频测听系统，控制 ILD 和 ITD 的值都为 0，制作具有一定声像宽度的测试序列，进行大量的主观听音实验来测试多个 IC 参数值和全频带内人耳对声场宽度的恰可感知差异值。

3.2 受试者的筛选

本实验的测听人员均已通过医院常规听力检查，无听力受损者。在本实验开始之前，须对所有的测听人员进行专业的实验培训，使他们理解本实验的测试原理。此外，为了能够在主观实验下得到更加精确的实验数据，需要对测听人员进行两次筛选以保证实验过程的准确性，筛选方式如下：

首先让受试者测听固定双耳相关性的两段序列（参考音的 IC 值为 1，测试音的参考值为 0.8），然后判断哪一个序列声像范围偏大，Excel 表会记录每一次判断的结果，如果在规定次数（50 次）内能达到 80% 的正确率（用最近 20 次的结果来统计），就能通过筛选。本轮筛选考察的是受试者是否具有感知到 IC 的变化所引起的声像宽度变化的能力，同时也测试了受试者的耐心，本次筛选后所有受试者均入选。

在实际测听的过程中，每轮测试刚开始时受试者很容易就能分辨出声场宽度的不同，随着前半段和后半段声音信号的 IC 差值变小，受试者较难分辨出声场的不同，错误也会随之增多，最终只有一部分受试者顺利完成测试。

通过对测听人员的筛选，满足要求的共有 7 名受试者，其中包括 4 名男性和 3 名女性，年龄都在 21～27 岁，均为在校学生。每组实验包含了若干个不同的 IC 值和声音信号的频率。为了避免引起测试疲劳，每测试几个频点之后需要休息一下，完成一次测试大概花费两个小时左右的时间。

3.3　测试环境与设备

为了最大程度地减小实验设备以及测试环境给受试者带来的负面影响，本次测听实验在武汉轻工大学的国家音频实验室中进行，测试环境及所用到的设备见表 3.1。

表 3.1　测试环境/设备

设备/环境	参数
CPU	Intel Core i5-4590, 3.30GHz
memory	4GB DDR3 1600MHz
OS	Windows 7（64bit）
X-Fi	Creative Sound Blaster X-Fi HD
earphone	Sennheiser HD380Pro
sound level meter	SMART AR824
software	Visual Studio 2005, Adobe Audition, MATLAB 2014

本实验的听音设备采用的是头戴式耳机，可减小周围环境因素的影响从而保证实验过程高效、实验结果可信。

3.4　测听音频信号

由空间心理声学可知，影响 IC 的 JND 值的因素有很多，例如声音信号的频率、声像宽度范围等。

3.4.1　测听音频信号的频率选取

随着声音信号频率的变化，IC 的 JND 值也是随之变化的[31]。由于本篇测试的是全频带（20Hz～15500Hz）下 IC 的恰可感知差异值，根据人耳对音频信号感知的分频带特性，采用 Bark 频带划分法将测听信号划分为 24 个子带，测听人员分别测听这 24 个子带上的测试序列。

3.4.2　测听音频信号的 IC 参考值选取

根据人耳对声像宽度的感知特性可知，在同一频带范围内不同声像宽度（即 IC 参数值）下，IC 的 JND 值各有差异，因此需要选取一些具有参考意义的声像宽度来测量 JND 值。为了选取一些具有参考价值的 IC 值，在翻阅大量文献之后，本篇借鉴了曹晟的研究方法，对声像宽度进行具体而直观的量化[7]。

设 S_1、S_2 为原始的左右声源，L、R 为混音后的左右声道，则 L、R 的合成公式为：

$$L = S_1 \cos\alpha + S_2 \sin\alpha \tag{3.1}$$

$$R = S_1 \cos\beta + S_2 \sin\beta \tag{3.2}$$

令 $\alpha + \beta = \dfrac{\pi}{2}$ 可以让左右混音对称，又考虑到 $\mathrm{cov}(s_1, s_2) = 0$ 且 $S_1^2 = S_2^2$，故有如下公式：

$$\begin{aligned} IC &= \frac{\mathrm{cov}(L,R)}{\sqrt{\mathrm{cov}(L,L)} \bullet \sqrt{\mathrm{cov}(R,R)}} \\ &= \cos(\alpha - \beta) = \cos\left(\frac{\pi}{2} - 2\alpha\right) = \sin(2\alpha) \end{aligned} \tag{3.3}$$

由式 3.3 可以得出 IC 值与 α 值的对应关系，假设 2α 表示的是声源边界与人耳所在水平面（0°）的夹角，即偏向角，如图 3.1 所示。

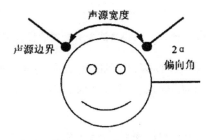

图 3.1　偏向角示意图

在实际的测试中，声源的宽度信息就修改为了声音的边界信息，具体量化为了偏向角，测试时更易判断。分别取 2α 为 90°、80°、70°、60°、50°时所对应的 IC 值（1、0.98、0.94、0.87、0.77），来作为本实验的五个参考值。

3.5　测试序列的制作

测听音频信号所采用的是用 Audition 依据 Bark 频带划分法所生成的具有 24 个特定中心频率的高斯白噪声，采样频率为 96kHz，时长为 300ms，由声级计控制它们的声压级为 75dB。每条测试序列都是由参考音和测试音随机组合而成，参考音和测试音之间有 250ms 的静音间隔。在实际进行测听时，每条测试序列都是随机播放参考音和测试音，当测试人员听完一条测试序列后，需要从前半段和后半段中判断哪个声音的声像范围偏大，直到最终无法分辨。

3.6　测试系统的建立

本实验室之前所使用的测听系统是基于 ILD 和 ITD 的感知特性所设计的，因此在实验开始之前我们要改进一个基于 Windows 系统的音频测听软件，同时要对配置文件中的参数进行预先设置，如图 3.2 所示。

```
[Mode]
refMode=3
testMode=3
strFrequence=50, 150, 250, 350, 450, 570, 700, 840, 1000, 1170, 1370, 1600,
1850, 2150, 2500, 2900, 3400, 4000, 4800, 5800, 7000, 8500, 10500, 13500
strStep=0.9, 0.9, 0.03, 0.02
nDuration=300
nFs=96000
fVariable=0.1
fReference=1.0
```

图 3.2　在第一组的测试中所配置的参数信息

如图 3.2 所示，每个参数及对其所赋的值表示的意义是：

● 当 refMode 和 testMode 都设置为 3 时，系统会调用 SequenceICCreat 这个函数。

● fReference = 1.0 表示的是系统在调用 SequenceICCreat 这个函数之后，生成本实验的参考音，其 IC 值为 1.0。

- fVariable = 0.1 则表示系统在调用 SequenceICCreat 这个函数之后，会由 IC=0.9（fTest=fReference-fVariable）生成本实验的测试音，其 IC 值为 0.9。
- strFrequence 表示本组测试序列的频率，系统会根据这一频率从声源文件夹中选取其对应频率的高斯白噪声来生成本组测听所需频率的测试序列。
- strStep 是步长改变的参数，strStep 直接影响测试音中的 IC 值的改变。

在配置好实验所需的参数后，测听人员就可以使用系统进行实验。首先出现的是测听系统训练的界面，如图 3.3 所示。

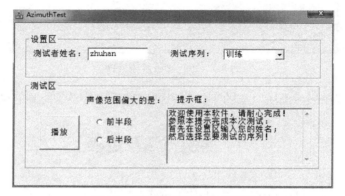

图 3.3　测听系统训练阶段界面

在图 3.3 中，首先输入受试者的姓名 zhuhan，然后点击左下方的"播放"按钮之后，系统会自动生成一条测试序列。受试者在听到该测试序列的同时，要判断声像范围偏大的是前半段还是后半段并进行选择，当判断正确后，会弹出如图 3.4 所示的提示。

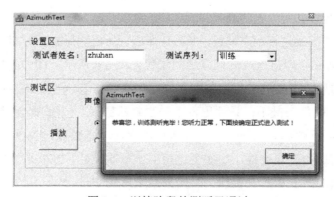

图 3.4　训练阶段的测听已通过

点击"确定"按钮之后，就进入了正式的测听阶段，如图 3.5 所示。

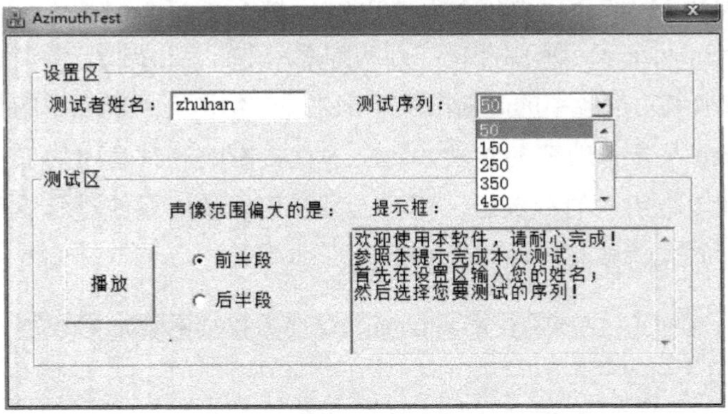

图 3.5　正式测听阶段界面

此时测试序列后面所对应的下拉列表框里显示的是当前所测的频率。

3.7　实验方法及过程

本实验采用 1 up/2 down[32]和强迫性二选一[33]的心理自适应测试方法。

1 up/2 down 这一测试方法简单来说如图 3.6 所示，当受试者在听到测试序列进行判断时，如果连续两次都判断正确，系统便会根据当前的 strStep 值来减小当前测试序列的 IC 值，从而使得 IC 值减小后的测试音与参考音的声像宽度更加接近。但只要有一次判断错误，系统就会根据当前的 strStep 值增大测试音的 IC 值。也就是说，每一组都要进行多轮测试，同时每一轮测试的判断结果都会直接影响下一轮测试序列的生成。这样，在每一轮的测听判断之后，测试音的 IC 值都会根据受试者的判断结果正确与否不断地进行动态调整，从而逐渐逼近所要测得的 JND 值。

1 up/2 down 心理自适应测试方法的过程如图 3.6 所示。图中的每一个点都表示一次测试结果，空心的点表示判断正确，实心的点表示判断错误。当连续两次判断正确后，IC 值会减小；只要出现了一次判断错误，IC 值就会增加。在图 3.6 中共 12 轮的测听中总共出现了 3 个反转点，反转就是指 IC 值从增加到减小或从减小到增加的这一变化过程，一次变化相当于一次反转。在实验开始之前，要先设置好反转点的阈值从而设置什么时候来结束本轮测试。

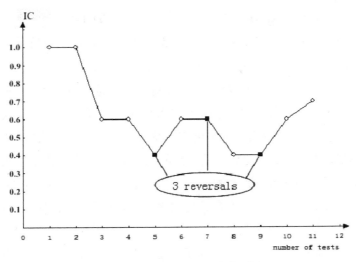

图 3.6　1up/2 down 测试过程图

由于双耳相关性的 JND 初始值的设置对实验过程影响很大，因此需要选择一个合适的初始值，不会因初始值太大而过于增加实验次数，也不会因初始值太小而无法得到合理的实验结果。测试人员在感知声像范围大小时会经历一个由简单到困难的过程，直到最后无法准确判断前半段和后半段的声像宽度差异，从而逼近目标值。本实验在不同声像宽度下各个频率范围内测量 IC 的 JND 值，JND 的变化是动态的且变化范围很大，在每一轮测试中都要根据参考音中 IC 值的大小来设定不同的 JND 初始值。我们根据实验前所进行的小范围内人耳对声像宽度感知能力的测试结果来设置 JND 的初始化步长。

2AFC 的实验方法要求测听人员在听到测试序列之后，必须根据自己的主观感受迅速判断声像范围偏大的是前半段还是后半段。不论最终的判断结果正确与否，都必须进行选择。如果没有选择，系统会生成一个新的测试序列让测听者重新进行判断。

为了使实验过程更加直观清晰，图 3.7 是整个测试系统的流程图，测试过程如下：

设测试音的IC值为IC_{test}，参考音的IC值为IC_{ref}，变化步长为IC_d，则

$$IC_{ref} = IC_{test} + IC_d \qquad (3.4)$$

步骤 1：在配置文件 Setting.ini 中设置 IC 的值（IC 的值依次为 1、0.98、0.94、0.87、0.77）来为参考音设置一个固定的声像宽度。比如，第一组实验中将参考音

的 IC 值设置为 1，即 IC_{ref} =1，表示参考音为人正前方的一个点声源，将测试音的 IC 初始值设置为 0.9，即 IC_{test} =0.9，此时测试音的声音宽度相较于参考音这一点声源是发散的。

步骤 2：配置完成后，进入测听系统并运行，先通过如图 3.3 所示的听音训练阶段判断该测试人员听力正常，紧接着进入正式的测听阶段。测试人员需先在图 3.5 中测试序列后面的下拉列表框里选定一个本轮要测试的音频信号的频率 X，点击"确定"按钮之后，系统便会根据选定的测试频率 X 与步骤 1 里配置文件中的参考音的 IC 值（fReference）和测试音的 IC 值（fTest=fReference-fVariable），来生成参考音和测试音，并随机组合成测试序列。之后每一次测试序列的生成都是依据变化步长 strStep 来确定的。

步骤 3：根据步骤 2 生成的测听序列进行测试，并在规定时间内选择声像范围偏大是前半段和后半段。设三个初始值都为 0 的全局变量 N_r、N_w 和 Reversals，其中 N_r 和 N_w 分别表示判断结果的正确次数和错误次数，Reversals 表示的是反转次数。若受试者在本轮首次判断正确，则令 N_r =1，N_w =0，若第二次判断也正确，将 N_r +1 即 N_r =2，根据 1 up/2 down 心理自适应测试方法的原理，减小 IC_d 的值，并将 N_r 和 N_w 都重置为 0，接着判断是否反转。若反转，则将 Reversals 的值加 1，并保存当前 Reversals 的值和 IC_d 进入步骤 4；若没有反转，则返回步骤 2，根据当前的 IC_d 生成一条新的测试序列，从而进入下一轮的测试。当判断错误时，N_w =1，N_r =0，此时增加 IC_d 的值，再将 N_r 和 N_w 同时置为 0，判断是否反转，若反转，则将 Reversals 的值加 1，并保存当前 Reversals 的值和 IC_d 进入步骤 4，否则返回步骤 2，根据当前的 IC_d 生成一条新的测试序列并进入下一轮测试。

步骤 4：预先设置好反转次数 Reversals 的阈值为 L，判断当前的反转次数是否达到了 L 次，若达到则进入步骤 5，否则返回步骤 2 开始执行。

步骤 5：计算反转次数中最后 n 次的 IC_d 值的平均值，得到 X 频带下 IC 的 JND 值，其中 n 为预先设置好的值。

第一个频率范围测试完后，在测试序列后面的下拉列表框中依次选择其余 23 个频率再进行新一轮的测试，从而完成第一组的测试。第一组测试完毕后，再次打开 Setting.ini 文件，修改 fReference 和 fVariable 的值，以相同的方法完成后面四大组的实验（fReference 为 0.98、0.94、0.87、0.77）。每一次的判断结果和测试数据都会保存在相应的 Excel 表格中。

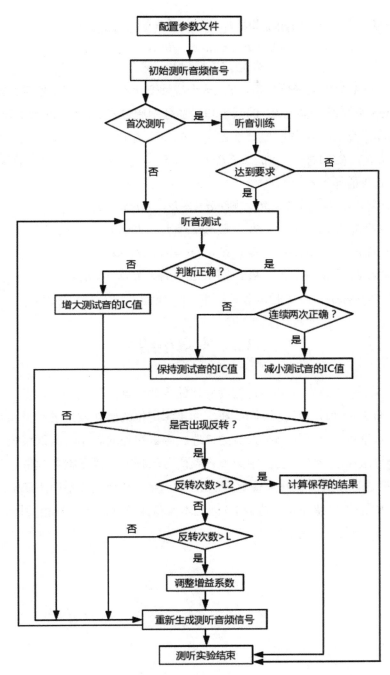

图 3.7 测试流程图

在步骤 3 中，IC_d 的减小和增加变化如下：

$$IC_d = IC_d * index - linear \qquad (3.5)$$

$$IC_d = IC_d / index + linear \qquad (3.6)$$

其中 $index$ 为指数变化参数，$linear$ 为线性变化参数，它们的值都由配置文件中的 strStep 所取得。步长 IC_d 的减小和增加分别通过式 3.5 和 3.6 来实现。

设 $index$ 和 $linear$ 的取值分别为 I_1、I_2、I_3、I_4 和 L_1、L_2、L_3、L_4；$Reversals$ 取 R_1、R_2、R_3、R_4 四种临界值（$0 < R_1 < R_2 < R_3 < R_4 = L$），步长改变的参数 $index$ 和 $linear$ 的取值如下：

（1）若 $0 \leqslant Reversals < R_1$，则 $index = I_1$，$linear = L_1$。

（2）若 $R_1 \leqslant Reversals < R_2$，则 $index = I_2$，$linear = L_2$。

（3）若 $R_2 \leqslant Reversals < R_3$，则 $index = I_3$，$linear = L_3$。

（4）若 $R_3 \leqslant Reversals < R_4$，则 $index = I_4$，$linear = L_4$。

（5）当 $Reversals = L$ 时，测试结束。

3.8　本章小结

由于 IC 的 JND 是感知声像宽度变化的重要依据，若测得了在多个参数值和全频带上的 JND 值，就可以对 IC 在空间声源定位的感知效果进行更加明确的分析。因此本章重点介绍了测听人员的筛选、测试序列的制作、测试系统的改进、测试实验方法和步骤等。实验中测听音频信号的频率是根据临界频带划分表来划分的，同时选取了具有特殊声像宽度的 IC 参考值，从而测量不同声像宽度下全频带范围内 IC 的恰可感知差异值 JND。因此本实验能够获取的双耳相关性 IC 的 JND 数据也比较全面、详细。

第 4 章　双耳相关性的感知特性数据处理与研究

4.1　测听实验所得数据

在历时三个月的实验测听之后，7 名受试者完成了对 5 个参考值和 24 个频带下双耳相关性 IC 的 JND 值测试。所有的测试结果都存储在相应的 Excel 表格中，计算出这 7 名受试者每一轮所测数据的平均值，见表 4.1。

表 4.1　不同声像宽度下 24 个频带范围内的 IC 的 JND 值

频带序号	IC 参考值					频带序号	IC 参考值				
	1	0.98	0.94	0.87	0.77		1	0.98	0.94	0.87	0.77
0	0.046	0.083	0.102	0.168	0.197	12	0.034	0.066	0.093	0.147	0.178
1	0.038	0.081	0.121	0.174	0.183	13	0.043	0.070	0.092	0.103	0.096
2	0.055	0.086	0.123	0.183	0.193	14	0.056	0.073	0.097	0.143	0.134
3	0.043	0.069	0.139	0.171	0.205	15	0.046	0.068	0.099	0.145	0.156
4	0.050	0.082	0.114	0.176	0.220	16	0.058	0.074	0.104	0.186	0.206
5	0.058	0.079	0.108	0.174	0.232	17	0.053	0.077	0.106	0.146	0.139
6	0.061	0.076	0.104	0.172	0.226	18	0.057	0.082	0.114	0.166	0.175
7	0.033	0.046	0.062	0.082	0.047	19	0.055	0.080	0.112	0.159	0.235
8	0.066	0.078	0.121	0.157	0.094	20	0.048	0.076	0.108	0.157	0.159
9	0.058	0.075	0.122	0.168	0.149	21	0.046	0.078	0.105	0.154	0.172
10	0.052	0.037	0.032	0.072	0.034	22	0.045	0.072	0.094	0.155	0.177
11	0.031	0.074	0.116	0.174	0.147	23	0.088	0.096	0.137	0.199	0.286

4.2　数据图的分析

要想直观地根据数据分析 IC 的 JND 与频率和声像宽度之间的关系，将表 4.1 中的 JND 值绘制成随频率变化的折线图，如图 4.1 所示。

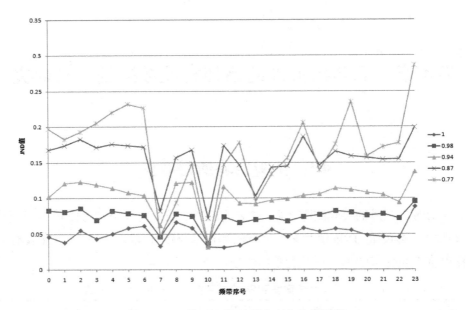

图 4.1　IC 的 JND 值随频率变化的折线图

图 4.1 是双耳相关性 IC 的 JND 值随频率变化的折线图，横坐标表示用 Bark 频带划分法划分出来的 24 个频带序号，纵坐标表示 JND 值，五个参数分别代表了 IC 的五个参考值 1、0.98、0.94、0.87、0.77。折线上的每个点都是七名测听人员对应所测得数据的平均值。由图 4.1 可知：

（1）相同的 IC 参考值在不同频带上的恰可感知差异值有所不同，说明 IC 值在空间声源定位上的影响在各个频带上都不尽相同，甚至在某些频带上差别很大，因此需要分频带来分析。

（2）IC 参数的 JND 曲线包含了若干个峰值，且绝大多数峰值都位于中高频范围，峰值间的区域 JND 值相对较小，表明人耳是比较容易察觉到这些频段上的声像宽度变化的。

（3）随着参考音中 IC 值的减小，JND 值随之增大，整条折线是向上移动的，表明当 IC 值较大时，人耳很容易就能感知声像宽度的变化。随着声像宽度的增大，人耳对声像宽度变化的感知越来越困难。

（4）当频率为 700Hz 和 1170Hz 时，JND 值最小，表明人耳对 700Hz 和 1170Hz 左右的音频信号的声像宽度变化的感知最为敏感，其他频率上对音频信号的声像宽度的感知较弱。

（5）当 IC 接近于 1 时，JND 的变化较为平稳，当 IC 减小至 0.87 和 0.77 时，JND 值的波动较为明显，表明当 IC 值较大（声源接近于点声源）时，人耳对声像宽度的感知能力比较稳定；当 IC 值较小（声像宽度较大）时，人耳对声像宽度的感知能力不稳定。

4.3　双耳相关性 IC 感知特性 JND 曲线的函数逼近

如果已经知道函数 $f(x)$ 在多个点处的取值，我们就可以利用插值原理建立插值多项式来逼近 $f(x)$。但实验所测得的数据作为函数值都会带有一些测量误差，因此我们要需要一种新的逼近函数，简单、光滑性好，且能均匀地逼近 $f(x)$。插值法就是函数逼近问题的一种。

4.3.1　函数逼近的基本概念

函数逼近在数学中的定义如下：函数 $f(x)$ 是函数类 A 中给定的一个函数，函数类 B 是另一类较简单的便于计算的函数类，求函数 $P(x) \in B \subset A$，使 $P(x)$ 与 $f(x)$ 之差在某种意义下最小。函数类 A 通常是区间 $[a,b]$ 上的连续函数，记作 $C[a,b]$；函数类 B 通常是代数多项式，分为有理函数或三角多项式。最常用的度量标准有两种：

（1）一致逼近（均匀逼近）。

$$\| f(x) - P(x) \|_\infty = \max_{a \leq x \leq b} | f(x) - P(x) | \tag{4.1}$$

（2）均方逼近（平方逼近）。

$$\| f(x) - P(x) \|_2 = \sqrt{\int_a^b [f(x) - P(x)]^2 dx} \tag{4.2}$$

其中 $\| \bullet \|_\infty$ 和 $\| \bullet \|_2$ 是范数。一致逼近是以函数 $f(x)$ 与 $P(x)$ 的最大误差 $\max_{a \leq x \leq b} | f(x) - P(x) |$ 作为度量误差大小的标准，平方逼近是用 $\int_a^b [f(x) - P(x)]^2 dx$ 来作为度量误差大小的标准。我们要从多项式类中寻找一个适当的多项式来代替原来的函数，从而让误差最小。一般地，可以用一组在 $C[a,b]$ 上线性无关的集合 $\{\varphi(x)\}_{i=0}^n$ 来逼近 $f \in C[a,b]$，在子空间 $\phi = span\{\varphi_0(x), \varphi_1(x),...,\varphi_n(x)\}$ 中找一个元素 $\varphi^*(x)$，使 $f(x) - \varphi^*(x)$ 在某种意义下最小。下面我们使用线性最小二乘法来进行函数逼近。

设 $\varphi_k(x)$ 为已经确定好的一组函数，令 $f(x) = a_1\varphi_1(x) + a_2\varphi_2(x) + ... + a_m\varphi_m(x)$，$a_k(k = 1,2,...,m,m < n)$ 是待定系数。最小二乘法的几何意义是使 n 个点 (x_i, y_i) 与对应点 $(x_i, f(x_i))$ 的距离 δ_i 的平方和最小[34]。记

$$Q(a_1, a_2,..., a_m) = \sum_{i=1}^{n} \delta_i^2 = \sum_{i=1}^{n} [f(x_i - y_i)]^2 \tag{4.3}$$

我们需要求得一组系数 $a_1, a_2,..., a_m$ 使得 Q 最小，此时根据极限存在的条件 $\frac{\partial_Q}{\partial_{a_k}} = 0(k = 1,2,...,m)$ 可以得到关于 $a_1, a_2,..., a_m$ 的线性方程组：

$$\begin{cases} \sum_{i=1}^{n} \varphi_1(x_i)\left[\sum_{k=1}^{m} a_k\varphi_k(x_i) - y_i\right] = 0 \\ ...... \\ \sum_{i=1}^{n} \varphi_m(x_i)\left[\sum_{k=1}^{m} a_k\varphi_k(x_i) - y_i\right] = 0 \end{cases} \tag{4.4}$$

记 $R = \begin{Bmatrix} \varphi_1(x_i) & \cdots & \varphi_m(x_1) \\ \vdots & & \vdots \\ \varphi_1(x_n) & \cdots & \varphi_m(x_n) \end{Bmatrix}_{n \times m}$，$A = (a_1, a_2,..., a_m)^{\mathrm{T}}$，$y = (y_1, y_2,..., y_n)^{\mathrm{T}}$，因此方程组可表示为

$$\boldsymbol{R}^{\mathrm{T}}\boldsymbol{R}\boldsymbol{A} = \boldsymbol{R}^{\mathrm{T}}\boldsymbol{y} \tag{4.5}$$

当 $\{\varphi_1(x),...,\varphi_m(x)\}$ 线性无关时，$\boldsymbol{R}$ 是满秩矩阵，故 $\boldsymbol{R}^{\mathrm{T}}\boldsymbol{R}$ 可逆，所以方程组有唯一解

$$A = (\boldsymbol{R}^{\mathrm{T}}\boldsymbol{R})^{-1}\boldsymbol{R}^{\mathrm{T}}\boldsymbol{y} \tag{4.6}$$

本节就是用以上所述的线性最小二乘法来进行函数逼近的。

4.3.2　JND 函数逼近曲线

本篇使用线性最小二乘法对表 4.1 中 IC 的 JND 数据进行函数逼近，使用 6 次多项式表示 JND 曲线，通过 MATLAB 可以得到所要结果如下：

（1）当双耳相关性参考值 IC=1 时，感知特性曲线 JND 曲线的函数表达式是

$$JND_1(n) = 1.1485 \times 10^{-7} n^6 - 7.6417 \times 10^{-6} n^5 + 1.8972 \times 10^{-4} n^4$$
$$- 2.1 \times 10^{-3} n^3 + 1.06 \times 10^{-2} n^2 - 1.67 \times 10^{-2} n + 0.0478 \tag{4.7}$$

均方根误差：

$$RMSE(JND) = \sqrt{\frac{\sum_{n=1}^{24}(JND_1(n) - JND_n)^2}{24}} = 0.0081$$

其中，n 表示频带序号。图 4.2 为 JND 原始值点与逼近曲线的曲线关系图。

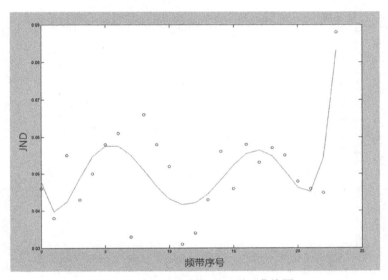

图 4.2　当 IC=1 时的 JND 逼近曲线图

（2）当双耳相关性参考值 IC=0.98 时，感知特性曲线 JND 曲线的函数表达式是

$$JND_{0.98}(n) = 4.2961 \times 10^{-8} n^6 - 2.6523 \times 10^{-6} n^5 + 5.8345 \times 10^{-5} n^4$$
$$- 5.3625 \times 10^{-4} n^3 + 1.9 \times 10^{-3} n^2 - 3.6 \times 10^{-3} n + 0.0835 \tag{4.8}$$

均方根误差：

$$RMSE(JND) = \sqrt{\frac{\sum_{n=1}^{24}(JND_{0.98}(n) - JND_n)^2}{24}} = 0.0089$$

其中，n 表示频带序号。图 4.3 为 JND 原始值点与逼近曲线的曲线关系图。

（3）当双耳相关性参考值 IC=0.94 时，感知特性曲线 JND 曲线的函数表达式是

$$JND_{0.94}(n) = 4.4904 \times 10^{-8} n^6 - 1.9672 \times 10^{-6} n^5 + 1.1024 \times 10^{-5} n^4$$
$$+ 5.4321 \times 10^{-4} n^3 - 8.1 \times 10^{-3} n^2 + 2.81 \times 10^{-2} n + 0.1012 \tag{4.9}$$

均方根误差：

$$RMSE(JND) = \sqrt{\frac{\sum_{n=1}^{24}(JND_{0.94}(n) - JND_n)^2}{24}} = 0.0123$$

其中，n 表示频带序号。图 4.4 为 JND 原始值点与逼近曲线的曲线关系图。

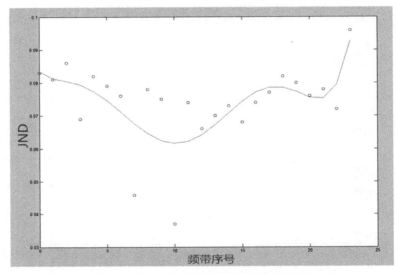

图 4.3　当 IC=0.98 时的 JND 逼近曲线图

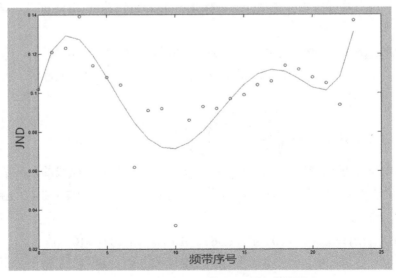

图 4.4　当 IC=0.94 时的 JND 逼近曲线图

（4）当双耳相关性参考值 IC=0.87 时，感知特性曲线 JND 曲线的函数表达式是

$$JND_{0.87}(n) = 8.3503 \times 10^{-8} n^6 - 4.8398 \times 10^{-6} n^5 + 9.3706 \times 10^{-5} n^4$$
$$- 5.9504 \times 10^{-4} n^3 - 6.9158 \times 10^{-4} n^2 + 8.6 \times 10^{-3} n + 0.168 \qquad (4.10)$$

均方根误差：

$$RMSE(JND) = \sqrt{\dfrac{\sum_{n=1}^{24}(JND_{0.87}(n) - JND_n)^2}{24}} = 0.0242$$

其中，n 表示频带序号。图 4.5 为 JND 原始值点与逼近曲线的曲线关系图。

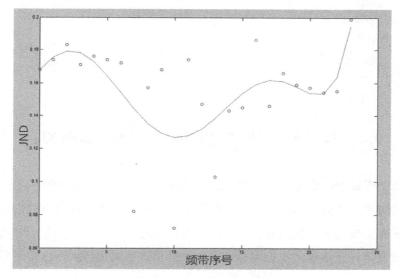

图 4.5　当 IC=0.87 时的 JND 逼近曲线图

（5）当双耳相关性参考值 IC=0.77 时，感知特性曲线 JND 曲线的函数表达式是

$$JND_{0.77}(n) = 2.6652 \times 10^{-7} n^6 - 1.6275 \times 10^{-5} n^5 + 3.4869 \times 10^{-4} n^4$$
$$- 2.9 \times 10^{-3} n^3 + 6.5 \times 10^{-3} n^2 + 7.9 \times 10^{-3} n + 0.1851 \qquad (4.11)$$

均方根误差：

$$RMSE(JND) = \sqrt{\dfrac{\sum_{n=1}^{24}(JND_{0.77}(n) - JND_n)^2}{24}} = 0.0394$$

其中，n 表示频带序号。图 4.6 为 JND 原始值点与逼近曲线的曲线关系图。

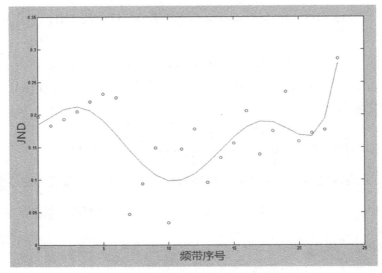

图 4.6　当 IC=0.77 时的 JND 逼近曲线图

4.4　双耳相关性 IC 感知特性 JND 曲面拟合

在科学研究中，通常需要依据实验数据来分析变量对目标函数的影响，从而探究变量与目标函数之间的关系。双耳相关性在全频带多参数值下的恰可感知差异值测量需要投入大量的精力和时间，而本篇只是选取了一些典型的参考值来对 JND 进行测试。在这里，我们可以利用线性插值法来对 IC 的 JND 值进行曲面拟合[35]。

曲面拟合就是依据已知的数据，求解函数 $f(x,y)$ 与变量 x 及 y 之间的关系，并使实验数据点能近似地分布在函数 $f(x,y)$ 所表示的空间曲面上[36]。插值与拟合的区别在于——插值试图去通过已知点了解未知点处的函数值，而拟合则在整体上用某种已知函数去拟合数据点列所在未知函数的性态。

4.4.1　插值法

插值法是根据函数的已知数据表求函数 $f(x)$ 的近似解析表达式 $\varphi(x)$ 的方法。插值法的必要条件是误差函数或余项满足关系式 $R(x_i) = 0$ ，$i = 0,1,2,...,n$ 。当插值函数 $\varphi(x)$ 为多项式时，称为代数插值法。代数插值法有 Lagr 插值法、Newt 插值法、Hermite 插值法、分段插值法和样条插值法等。其基本思想都是用高次代数多项式或者分段的低次多项式来作为被插函数 $f(x)$ 的近似表达式[37]。

设函数 $y = f(x)$ 在区间 $[a,b]$ 上有定义，并且已知 $f(x)$ 在点 $a \leqslant x_0 < x_1 < \ldots < x_n < b$ 上对应的函数值为 $y_0, y_1, \ldots, y_n$。若存在一个简单函数 $P(x)$，使得 $P(x_i) = y_i$ $(i = 1, 2, \ldots, n)$ 成立，则称 $P(x)$ 为 $y = f(x)$ 的插值函数，点 $(x_1, x_2, \ldots, x_n)$ 为插值节点，$[a,b]$ 为插值区间，求插值函数 $P(x)$ 的方法就是插值法。

4.4.2 线性插值法

目前在实际的工程应用中，最常用的三种插值法分别为：最近邻插值法、三角基线性插值法和三角基三次插值法[38]。本节将选用其中的线性插值法来对实验中测得的数据进行曲面拟合。

三角基线性插值法是一种比较常用的插值法，多见于计算机和数学等诸多学科之中[39]。若在平面坐标系中有两个已知的坐标点 (x_0, y_0) 和 (x_1, y_1)，就可以通过等式 $\dfrac{y - y_0}{y_1 - y_0} = \dfrac{x - x_0}{x_1 - x_0}$ 求出区间 $[x_0, x_1]$ 内某个点 x 所对应的 y 值。当 $\dfrac{y - y_0}{y_1 - y_0} = \dfrac{x - x_0}{x_1 - x_0} = \alpha$ 时，称 α 为插值系数，由于 x 值已知，则可以得到 α 的值，即 $\alpha = \dfrac{x - x_0}{x_1 - x_0}$。同样地，$\alpha = \dfrac{y - y_0}{y_1 - y_0}$，这样在代数上就可以表示为 $y = (1 - \alpha)y_0 + \alpha y_1$，此时可以直接计算出 y 的值。综上所述，如果已知了函数 $f(x)$ 的两个点的值，就能够使用线性插值法得出 $f(x)$ 在其他点上的值，线性插值多项式为 $p(x) = f(x_0) + \dfrac{f(x_1) - f(x_0)}{x_1 - x_0}(x - x_0)$。

4.4.3 插值节点的选取

因为本实验是在全频带范围内测量 IC 的 JND，在第三章中，由于是在多参数值和全频带范围内测试 IC 的 JND 值，我们需要花费大量的精力和时间来进行测听实验，要想全面分析双耳相关性 IC 的感知特性有点困难，需要选用插值法来对实验数据进行进一步的分析。

目前 JND 数据已测得，最关键的一步就是对实验中声像宽度参考值 IC 和频率选择合适的插值点[40]。

（1）IC 参考值的插值点选取。本实验所选取的 IC 参考值分别为 1、0.98、0.94、0.87、0.77，根据双耳相关性 IC 的感知特性 JND 变化曲线可知，随着 IC 值的减小即声像宽度的增大，JND 也相应增大，即当 IC 值较大（声响宽度较小）时，插值点个数较多；当 IC 值较小（声像宽度较大）时，插值点个数较少。因此声像宽度参考值 IC 的插值点分别为 0.99、0.96、0.91。

（2）频率的插值点选取。实验中的测试信号选取了 24 个频带，这 24 个频带分别对应了 24 个 Bark 值，因此测试得到的结果是 24 个 Bark 频带中心频率的感知特性，位于两个 Bark 频带之间的频率点的双耳相关性 IC 的 JND 感知特性，与这两个 Bark 带本身的 IC 的 JND 感知特性是相类似的，为了使最终得到的曲面图足够平滑，我们选取的插值点为每个 Bark 带的边界频率点。所选的频率插值点分别为 100Hz、200Hz、300Hz、400Hz、510Hz、635Hz、770Hz、920Hz、1085Hz、1270Hz、1485Hz、1725Hz、2000Hz、2325Hz、2700Hz、3150Hz、3700Hz、4400Hz、5300Hz、6400Hz、7750Hz、9500Hz、12000Hz。

4.4.4　曲面拟合及其分析

在对 IC 参考值和频率进行插值之后，通过 MATLAB 中的拟合函数可以得到双耳相关性 IC 的 JND－频率－声像宽度参考值的三维曲面图，如图 4.7 所示。

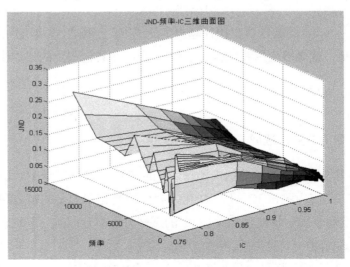

图 4.7　用三角基线性插值法拟合出的 JND－频率－IC 三维曲面图

根据对图 4.7 的分析可知：

（1）从参考音中的 IC 参考值来看，随着 IC 值的减小（即声像宽度的增大），恰可感知差异值 JND 是在增加的，这种增加的趋势在 IC 值较小（声像宽度较大）时比较明显。这一结论与之前对双耳相关性 IC 的感知特性测试与研究所得到的结果是相同的，即当 IC 值由 1 变为 0、声音由集中变为发散时，双耳对声像宽度的感知敏感度是在逐渐降低的。且在 IC 值接近于 1 时，曲面较光滑，波动较小，人耳对声像宽度变化的感知能力很稳定，当 IC 值逐渐变小时，JND 值波动较大，人耳对声像宽度变化的感知能力不稳定。

（2）从频率上来看，IC 值的影响在各个频带上有所差异。当声音信号的频率在 50～500Hz 时，双耳相关性 IC 的 JND 值变化不是很明显；当频率大于 500Hz 小于 1000Hz 时，JND 先减小后增加；大于 1000Hz 时，JND 先减小后增加，接着在 IC 值较大时保持平稳，在 IC 值较小时波动较大。当频率超过 10000Hz 时，JND 值急剧增加，此时人耳很难感知到声像宽度的变化。

4.5　本章小结

本章主要运用了最小二乘法，借助 MATLAB 描绘了不同声像宽度下 JND 随频率变化的曲线，并且得到了 JND 与频率的关系式；采用了线性插值法对实验数据进行了处理，扩充了样本容量，对 JND－频率－IC 值的关系进行了曲面拟合，从而更深入地探究了双耳相关性 IC 的 JND 与频率和声像宽度之间存在的关系。分析后的结果表明：JND 值随频率的变化较为显著，在 700Hz 和 1170Hz 左右出现极小值，两端较大；随着 IC 的增大，IC 的 JND 也相应增大。在之后 IC 参数的应用中，可以以此来作为依据，对不同的频带区分对待。例如，可将谷值部分的频段划分为一类，编码时优先考虑；将峰值部分的频段划分为一类，编码时次要考虑。

第 5 章　工作总结

双耳线索 ILD 和 ITD 以及相关系数 IC 都是空间声源定位的重要线索，在空间音频编码中占据着主要地位。IC 是描述声源稳定度和宽度特性的重要参数，且其恰可感知差异值是感知空间声源方位的重要依据。本篇测试了多个声像宽度和全频带范围内 IC 的 JND 值，并利用曲线拟合和线性插值法生成了 JND 值在频率和声像宽度上的二维曲线图和三维曲面图，探索了人耳对声像宽度的感知特性。以下是本篇主要的研究工作：

（1）针对本篇测试实验的具体方案改进并优化了当前的音频测听系统。本篇所使用的测听系统是根据对双耳相关性 IC 的恰可感知差异值 JND 测试的需求改进并进一步开发的。本实验主要在步长的改变算法和 IC 参数的设置上进行了改进和完善，使得步长的变化更符合 IC 的变化规律和实验本身要求，从而提高实验的可靠性和全面性。

（2）在多个声像宽度和全频带范围内测量 IC 的 JND 值。之前各学者对双耳相关性 IC 的恰可感知差异值都是在单一的参考值或频率范围内测定的。而本篇所做的实验是一个全频带、不同 IC 参考值的完备实验，实验测得的数据相较于之前更加全面和完善。

（3）获取了不同声像宽度下的 JND 与频率的关系式。为了更直观地表示双耳相关性 IC 的 JND 与频率之间的关系，本篇使用了数学中的最小二乘法来对每个声像宽度参考值下的 JND 数据进行函数逼近，借助 MATLAB 生成了不同声像宽度参考值下的 JND 随频率变化的曲线，并且用函数表达式简单表示了 JND 与频率的关系。

（4）对双耳相关性 IC 的感知 JND 进行曲面拟合。为了对实验所得数据进行更加深入的分析和总结，本篇采用了较为常用的线性插值法来对实验所得数据进行插值，通过 MATLAB 生成了双耳相关性 IC 的 JND 值与频率和声像宽度的三维曲面图，从而更深入地探究了双耳相关性 IC 的 JND 与频率和声像宽度之间存在的关系。

参考文献

[1] Chungeun Kim, Russell Mason, and Tim Brookes. Initial investigation of signal capture techniques for objective measurement of spatial impression considering head movement[J]. Audio Engineering Society Convention Paper, 2008, 124: 1-17.

[2] Pollack, I. and W.J. Trittipoe. Binuural Listening and Interaural Noise Cross Correlation[J]. The Journal of the Acoustical Society of America, 1959, 31: 1250-1252.

[3] Gabriel, K.J. and H.S. Colburn. Interaural correlation discrimination:I. Bandwidth and level dependence[J]. The Journal of the Acoustical Society of America, 1981, 69: 1394-1401.

[4] Cox, T.J., W.J. Davies, and Y.W. Lam. The Sensitivity of Listeners to Early Sound Field Changes in Auditoria[J]. The Journal of the Acustica Society of America, 1993, 79: 27-41.

[5] Okano, T. Judgments of noticeable differences in sound fields of concert halls caused by intensity variations in early reflections[J]. The Journal of the Acoustical Society of America, 2002, 111: 217-229.

[6] Lüddemann et al. Electrophysiological and psychophysical asymmetries in sensitivity to interaural correlation steps[J]. Hearing Research, 2009, 256: 39-57.

[7] 曹晟，胡瑞敏，彭宇行. 移动音频空间感知信息量度分析及应用研究[D]. 武汉大学，2013：42-52.

[8] 刁小曼. 声卡在广播电台中的应用[J]. 音响技术，2006（2）：13-15.

[9] 王璐. 基于模块化的语音信号预处理实现[D]. 大连理工大学，2009：10-11.

[10] 唐升. 回声隐藏技术的研究[D]，2006：15-17.

[11] 张芙蓉. 基于听觉掩蔽的语音增强算法及 DSP 实现[J]. 大庆石油学院，2010：25-26.

[12] 陈礼湘. 感官生理（三）[J]. 护士进修杂志，1991（5）：46-47.

[13] 谈华斌. 数字音频水印算法的研究[D]. 吉林大学，2004：17-19.

[14] 刘钰，马艳丽，董蓓蓓. 语音增强技术及算法综述[J]. 电脑编程技巧与维护，2010（16）：88-89.

[15] 王娜. 基于人耳主观反应的听觉特征量及其在目标识别中的应用[D]. 西北工业大学，2006：16-18.

[16] 陈小平，胡泽. 听觉临界频带及其在声频信号处理中的应用[J]. 中国传媒大学学报：自然科学版，2014，11（2）：28-35.

[17] E.Zwicker. Subdivision of the Audible Frequency Range into Critical Bands[J]. Journal of the Acoustical Society of America, 1961, 33(2): 248-248.

[18] R Mcaulay and M Malpass. Speech enhancement using a soft-decision noise suppression filter[J]. The Journal of the Acoustical Society of America, 1980, 65(2): 137-145.

[19] 周祥平. 声音的听觉心理特性[J]. 音响技术，1999（5）：27-29.

[20] J.Breebaar, S.van de Par, A.Kohlrausch, E.Schuijers. High-Quality parametric spatial audio coding at low bit rates[J]. Audio Engineering Society Convention, 2004: 1-13.

[21] 文轩. 当声音有了方向[J]. 科学 24 小时，2004（3）：16.

[22] M.Matsumoto, K.Terada, M.Tohyama. Cues for "front-back confusion"[J]. Journal of the Acoustical Society of America, 2003, 113(4): 2286.

[23] S Röttger, E Schröger, M Grube, S Grimm, R Rübsamen. Mismatch negativity on the cone of confusion[J]. Neuroscience Letters, 2007, 414(2): 178-182.

[24] 胡瑞敏，涂卫平，陈水仙. 空间音频编码技术[J]. 中国计算机学会通讯，2011，7(2)：45-51.

[25] BA Edmonds, JF Culling, W.T.K.Wong. Interaural correlation and loudness[J]. Journal of the Acoustical Xociety of America, 2006, 119(5): 359-368.

[26] F.Christof and M.Juha. Source localization in complex listening situations: selection of binaural cues based on interaural coherence[J]. Journal of the Acoustical Society of America, 2004, 116(5): 3075-3089.

[27] 胡瑞敏，王恒，陈冰. 基于人耳感知特性的空间参数量化[J]. 全国普适计算

机会议，2010，33（2）：248-248.

[28] 王恒. 三维音频中空间线索感知特性研究[D]. 武汉大学，2013：17-26.

[29] 李坤. 双耳强度差感知特性测量与分析[D]. 武汉轻工大学，2015：13-14.

[30] 蒋昭旭，孟子厚. 双耳差频声刺激下的脑波特征与心理变化[J]. 声学技术，2012（4）：413-418.

[31] NI Durlach, KJ Gabriel, HS Colburn, C Trahiotis. Discrimation of interaural envelop correlation and its relation to binaural unmasking at high frequencies[J]. Journal of the Acoustical Society of America, 1992, 91(1): 306.

[32] J.Blauert and RA.Butler. Spatial Hearing: The Psychophysics of Human Sound Localization by Jens Blauert[J]. Journal of the Acoustical Society of America, 1985, 77(1): 334-335.

[33] JC.Middlebrooks and DM.Green. Sound localization by human listeners[J]. Annual Review of Psychology, 1991, 42(1): 135-159.

[34] 张卫荣，李航，殷守林. 基于区间估计的最小二乘法在卡尔曼滤波中的应用研究[J]. 沈阳师范大学学报（自然科学版），2015（2）：284-287.

[35] 孙北林，钢轨纵向位移在线监测系统研究[D]. 北京交通大学，2013：59-61.

[36] 李楠，雷玲玲，肖克炎. 一种基于反距离加权方法的层状三维地质界面拟合算法[J]. 地质学刊，2012，36（3）：291-295.

[37] 吴敏. 插值与迭代[J]. 大众科技，2009（2）：23-24.

[38] 袁进刚. 基于小波变换的图像插值方法研究[D]. 安徽大学，2009：13-18.

[39] 王杰，李洪兴，王加阴，等. 一种图像快速线性插值的实现方案与分析[J]. 电子学报，2009，37（7）：1481-1486.

[40] 王思. 双耳时间差和强度差在声源定位效果上的感知测试与研究[D]. 武汉轻工大学，2016：36-37.